Ratgeber

Bonsai-Aquarien

Japanische Miniatur-Wassergärten

Mitsuru Hirose
Yasushi Nakamura

Originalsausgabe Fa. Hirose Company, Yatsu 4-8-48, Narashino City, Chiba, Japan.
Fotos: Msayuki Abe
Mitarbeit: Taketo Hirose, Yasuharu Hirose

Bibliografische Information der Deutschen Nationalbibliothek
Die Deutsche Nationalbibliothek verzeichnet diese Publikation in der Deutschen Nationalbibliografie; detaillierte bibliografische Daten sind im Internet über http://dnb.d-nb.de abrufbar.

Wollgrasweg 41, 70599 Stuttgart (Hohenheim)
E-Mail: info@ulmer.de
Internet: www.ulmer.de
Druck und Bindung: Westermann Druck Zwickau GmbH, Zwickau
Printed in Germany

ISBN 978-3-8001-6787-6

Inhalt

Gedanken

Die Gedanken anderer Menschen zu verstehen und dann auch noch zu akzeptieren, ist sehr schwierig. Noch schwieriger muß es also sein, die Denkweise ganzer Kulturen zu verstehen. Die Aquaristik in Asien unterscheidet sich völlig von dem Aquaristik-Verständnis von uns Europäern. Folglich wird es auch für viele Leser dieses Buchs schwierig sein, sich in die Gedankenwelt der Schöpfer des Bonsai-Aquariums hineinzudenken. Je nach dem, wie bereit Sie sind, diese Aquarien-philosophie zu akzeptieren, werden Sie Erfolg oder Mißerfolg bei der Einrichtung eines solchen Aquariums haben.

Wir vom bede-Verlag haben versucht, Ihnen mit diesem Buch ein Werkzeug an die Hand zu geben, mit welchem Sie die fantastisch schönen Bonsai-Aquarien nachbauen können. Lassen Sie sich bitte ausreichend Zeit, denn dann werden Sie bald ein schönes Erfolgserlebnis haben.

Ihr bede-Team

Kollektion aus japanischen Bonsai-Aquarien

EINE IDEE WURDE GEBOREN

Zum Uferabfall im Vordergrund wurde sehr viel Moos eingesetzt, um die Wurzelstöcke gut zu verdecken.

Im Jahre 1999 wurde die Idee geboren, ein Aquarium mit einem ausgefallenem Landteil zu versehen. Die japanische Firma NISSO stellte dieses Aquarium während der japanischen Zoofachmesse aus. Das Aquarium zeigte einen Wasserfall im Landteil, der sich im rechten Drittel befand. Die harmonische Anpflanzung wurde dadurch erzielt, daß keine besonderen Schwerpunkte in der Dekoration gesetzt wurden. So erschienen diese Bepflanzung und der Aufbau sehr ausgeglichen, was sich von den heutigen Bonsai-Aquarien deutlich unterscheidet. Bei den Bonsai-Aquarien wird mehr Wert auf eine hügelige Landschaft mit Wasserfällen und Pflanzenschwerpunkten gelegt. Die Breite dieses Aquariums betrug 180 cm und war somit ein echter optischer Schwerpunkt auf dem Ausstellungsstand.

1. *Phalenopsis awabilis* 2. Konifere „Boulevard" 3. Konifere „Goldcrest" 4. *Selaginella*-Farn 5. *Ficus pumila* 6. *Hedera helix* 7. *Companula portenschlagiana* 8. *Duranta erecta* 9. *Hygrophila polysperma* 10. Konifere

Größe: 180x60x60 cm
Beleuchtung: HQI-Leuchte
Wassertemperatur: 25 °C
Fischbesatz: 50 Stück *Hemigrammus bleheri*

Detailansicht des Wasserfalls mit gut angewachsener *Riccia fluitans*.

Moose in ihrer Vielfalt sind ideale Grundbepflanzungen, denn sie binden sehr stark Feuchtigkeit, die auch andere Pflanzen benötigen.

Einige Pflanzen sollen über die Wasseroberfläche hinauswachsen und einen natürlichen Überhang bilden.

Schöne Koniferen

Die Aquariengröße von 90 cm Breite ist in Japan sehr beliebt und deshalb wird hier auch dieses Bonsai-Aquarium zuerst vorgestellt. Der Name Bonsai-Aquarium resultiert in erster Linie aus der Bepflanzung des Landteils, auf dem meist kleinbleibende Koniferen eingesetzt werden. Mit Hilfe von Mangroven-Wurzeln wird ein Untergrund für den Landteil in das Aquarium eingesetzt, welcher dann nach einem speziellen System bepflanzt werden kann. Die Wasserversorgung der Pflanzen wird durch zahlreiche dünne Wasserschläuche vorgenommen. Kissenförmige Moospolster werden grundsätzlich in diesen Landschaften eingebaut, sie sind hauptsächlich als Wasserspeicher gedacht.

1. Konifere „Boulevard" 2. *Ficus pumila* 3. *Ligustrum obtusifolium* 4. *Selaginella*-Farn 5. *Anubias barteri* var. *nana* 6. *Hedera helix* 7. *Selaginella tamariscina* 8. *Artemisia schmidtiana* 9. Konifere 10. *Lagerstroemia indica* 11. Konifere „Ellwoods gold" 12. *Cryptocoryne cordata*

Größe: 90x45x45 cm
Beleuchtung: 3 Neonröhren
Wassertemperatur: 25 °C
Fischbesatz: 20 Stück *Rasbora heteromorpha*

Ausschnitt der linken Aquarienseite mit *Ligustrum obtusifolium*, einer Konifere und *Ficus pumila*.

Detailansicht von *Lagerstroemia indica*, links daneben der Wasserfall und rechts als Farbkontrast eine Ellwoods Gold-Konifere.

Oberhalb des Wasserfalls ist mit *Artemisia schmidtiana* ein silbrig glänzender Kontrast zur grünen Bepflanzung gesetzt worden. Die Blätter von *Lagerstroemia indica* wachsen weit über die Wasserfläche hinaus und ab und zu fallen Spritzwassertropfen des Wasserfalls von ihren sattgrünen Blättern hinab. Die Blätter und Äste kreuzen die senkrecht stehenden Wurzeln horizontal, was als typische Einrichtungstechnik bei der Verwendung eines Wasserfalls gelten kann. So sieht der Wasserfall für den Betrachter wesentlich natürlicher aus. Dies bedeutet auch, daß bei der Einrichtung zum Ausdruck kommen sollte, daß *Lagerstroemia indica* hier alleine die Aufgabe hat, durch den Querwuchs die senkrechten Linien zu unterbrechen und einen Akzent zu setzen. Die Bepflanzung ist also nicht willkürlich vorgenommen, sondern sehr genau bedacht worden. Hier kommt zum Ausdruck, daß die Japaner bei Bonsai-Bäumen immer ihre Gedanken zum Ausdruck bringen wollen.

Artemisia schmidtiana thront deutlich sichtbar über dem Wasserfall und ragt über den Aquarienrand hinaus. Die silberne Färbung ist sehr attraktiv und erzeugt somit auch einen optischen Reiz auf den Betrachter.

Schräger Einblick in die linke Aquarienhälfte mit den stark bemoosten Wurzeln und *Chlorophytum comosum* als Blickfang.

Lagerstroemia indica überwuchert mit ihren feinen Blättern und Stielen Äste und Moos.

Ein grosses Aquarium

Dieses sehr große Aqua-Terrarium kann wegen seiner Größe nicht unbedingt als Bonsai-Aquarium bezeichnet werden, allerdings ist der Begriff Bonsai-Aquarium nie auf die Größe des Aquariums, sondern immer auf die Art der Bepflanzung im Landteil zu beziehen.

Ein Aquarium mit 180 cm Breite gehört natürlich auch in Japan schon zu den riesigen Aquarien, aber gerade in Europa sind solche Aquarien durchaus beliebt und häufig anzutreffen. Selbstverständlich bedarf es hier einer guten Vorplanung und der Einkauf wirklich geeigneter Wurzeln kann schon ganz schöne Löcher in den Geldbeutel reißen. Wenn Sie das große Bild mit dem Aquarienteil betrachten, werden Sie feststellen, daß durch die Verwendung vieler Wurzeln auch dunkle Höhlen für die Fische entstehen. Es bietet sich deshalb hierfür an, geeignete Fische wie beispielsweise Welse und Zwergcichliden einzusetzen.

Der Arbeitsaufwand, um ein solch großes Aquarium einzurichten, ist nicht wesentlich größer, als bei kleineren Aquarien, denn es ist die Detailarbeit an den Landpflanzen, die Zeit braucht. Bei der Auswahl der Wurzeln muß die Aquariengröße berücksichtigt werden, damit kein Mißverhältnis entsteht. Beachten Sie auch wie – links und rechts – das Wasser über die Wurzeln nach unten läuft. Dadurch vermittelt das nasse Holz einen ganz anderen Eindruck als das trocken aus dem Aqua-

rium herausragende Wurzelwerk. Der Bodengrund mit seinem Filtersystem ist auch hier die Basis für das Funktionieren des Aquariums und in diesem Aquarium wurden 80 kg HYDRO-SAND eingebracht. Mit Hilfe von fünf Pumpen wird gefiltert und gleichzeitig bewässert. Der Größe des Aquariums wurden auch die Pflanzen angepaßt und somit war es möglich, einige größere Solitärpflanzen auszuwählen. Die Bepflanzung des Aquarienteils ist immer von untergeordneter Bedeutung. Als Fischbesatz wurden die lebhaften *Brachydanio albolineatus* ausgewählt, welche durch ihr aktives Schwarmverhalten den Blick des Betrachters auch in den Wasserteil lenken.

1. *Ficus pumila* 2. *Lemmaphyllum microphyllum* 3. *Ophinopogon japonicus* 4. *Spathiphyllum* spp. 5. *Chlorophytum comosum* 6. *Hedera* spp. 7. *Dieffenbachia* spp. 8. *Adiantum* spp. 9. *Hedera helix* 10. *Bolbitis heudilotii* 11. *Microsorium pteropus*

Größe: 180x60x60 cm
Beleuchtung: 2x125 Watt HQL-Leuchten
Wassertemperatur: 27 °C
Fischbesatz: 70 Stück *Brachydanio albolineatus*

Die Koniferen begrenzen das Aquarium – links und rechts. Vorne rechts, direkt über dem Wasserstand, bildet *Acorus gramineus* einen wichtigen Dekorationspunkt, denn hier verbindet eine Pflanze den Wasser- und Landteil.

Das helle Grün von *Duranta erecta* mildert die Atmosphäre, welche die Pflanzen erzeugen. Das Ahorn-Bäumchen in der Aquarienmitte erzeugt die typische japanische Stimmung.

Der Goldene Schnitt

Hier handelt es sich um eine Standardarbeit nach dem Goldenen Schnitt. So könnte man sich eine japanische Hügellandschaft mit einem kleinen Dorf vorstellen. Diese Art der Anordnung von Pflanzen entspricht voll der japanische Seele. Stellen Sie sich Schmetterlinge, eine warme Frühlingsluft, kaltes fließendes Wasser und vielleicht später noch einen Sonnenuntergang vor, dann haben Sie sich voll in diese Szenerie eingeklinkt und das System verstanden. Die Zusammenstellung des Landteils sieht im ersten Moment sicher sehr einfach aus, ist jedoch schwierig nachzuvollziehen, denn durch die geringe Breite von 60 cm ergibt sich eine enorme Beschränkung in der Bepflanzung.
Da die gesamten aus dem Wasser ragenden Wurzelstücke mit feinem Moos bewachsen sind, ist es

wichtig, eine optimale Bewässerung einzubauen und bei der Verlegung der Wasserschläuche ist schon im Vorfeld genau darauf zu achten, wo später was gepflanzt werden soll. Sie müssen sich also tatsächlich vorher Gedanken machen, wie Ihr Aquarium bepflanzt wird. Im Wasserteil befinden sich nur *Blyxa aubertii* und die Schwarzen Neon fühlen sich im zwar kleinen aber interessant eingerichteten Wasserteil sicherlich wohl, zumal sie zwischen den Wurzeln Versteckplätze finden können. Durch den feinen Bodengrund sind die Fische auch in der Lage, gut Futtertiere aufzuspüren und verzehren zu können.

1. Konifere 2. *Gardenia* spp. 3. *Euonymus japonicus* 4. *Selaginella* spp. 5. Ahorn 6. *Duranta erecta* 7. *Acorus gramineus* 8. *Blyxa aubertii*

Größe: 60x30x36 cm
Beleuchtung: 2 Leuchtstoffröhren
Wassertemperatur: 25 °C
Fischbesatz: 10 *Hyphessobrycon herbertaxelrodi*

Ein 60 cm-Aquarium

Hier wird ein typisch tropisches Bonsai-Aquarium zusammengestellt und das kleine Aquarium wird von *Spathiphyllum* spp. dominiert. Diese Pflanze sitzt links und rechts im Landteil. Die Art der Pflanzenkomposition benötigt nicht sehr viel Licht und drei Leuchtstoffröhren mit je 20 Watt sind völlig ausreichend. Der Wasserteil wird durch farblich interessante und lebhafte Spiegelplatys aufgewertet. Die Wasserpflanzen sind als robust zu bezeichnen.

1. *Spathiphyllum* spp. 2. *Duranta erecta* 3. *Fittonia verschaffeltii* var. 4. *Lemmaphyllum microphyllum* 5. *Zebrina pendula* 6. *Fittonia verschaffeltii* var. 7. *Syngonium podophyllum* 8. *Microsrium pteropus* 9. *Anubias barteri* var. *nana*

Größe: 60x30x36 cm
Beleuchtung: 3x20 Watt Leuchtstoffröhren
Wassertemperatur: 25 °C
Fischbesatz: 10-15 *Xiphophorus variatus*

Wasserfall und Wasserpflanzen

Das Schlüsselthema für dieses 90 cm-Aquarium ist der größere Wasserfall, welcher in der Bildmitte zu sehen ist. Doch auch im linken Bilddrittel versteckt sich hinter *Berberis thunibergii* ein kleiner Wasserfall, womit das Thema fließendes Wasser nochmals verdeutlicht wird. Durch diese Wasserläufe wächst das Moos auf den Wurzeln sehr gut.

Die Landschaft entspricht wieder sehr der Gestaltung eines Bonsai-Arrangements und diesmal wird es durch drei kleiner bleibende Wasserpflanzen ergänzt.

Ficus pumila und *Berberis thunibergii* überdecken mit ihren hellgrünen Blättern Teile des kleineren Wasserfalls.

1. *Cypressus macrocarpa* 2. *Chamaecyparis* 3.- 5. *Ficus pumila* 6. *Selaginella* spp. 7. *Artemisia schmidtiana* 8. *Selaginella* spp. 9. *Duranta erecta* 10. *Anubias barteri* 11. *Hygrophyla polysperma* 12. *Cryptocoryne cordata*

Größe: 90x45x45 cm
Beleuchtung: 3 Leuchtstoffröhren
Wassertemperatur: 24 °C
Fischbesatz: 30 *Paracheirodon axelrodi*

Moos ist der Schwerpunkt

1. *Euonymus japonicus* 2. *Chamaecyparis lawsoniana* 3. *Selaginella*-Farn 4. *Duranta erecta* 5. *Selaginella involvens* 6. *Fittonia verschaffeltii* 7. *Peperomia* spp. 8. *Echinodorus* spp. 9. *Cryptocoryne* spp.

Größe: 60x30x36 cm
Beleuchtung: 3x20 Watt Leuchtstoffröhren
Wassertemperatur: 26 °C
Fischbesatz: 10 *Melanotaenia praecox*

Die langsam wachsenden Wasserkelche passen gut in dieses Aquarium.

Die Faszination der Bonsai-Aquarien liegt darin, daß erstmals ein Landteil die optisch bestimmende Dekoration eines Aquariums ausmacht. Der Landteil benötigt mindestens vier Wochen Zeit, damit die Pflanzen richtig anwachsen können. Im Besonderen dem Moos ist größere Aufmerksamkeit zu widmen, da dieses selbstverständlich auch erst einmal richtig anwachsen muß. Ohne das Moos würden alle diese Aquarien nicht so attraktiv aussehen. Erst die Verbindung von Moos und Wurzeln macht den besonderen Reiz dieses Aquarientyps aus. Moos kann aber nur in Verbindung mit Feuchtigkeit dauerhaft wachsen und deshalb ist der Verlegung der Wasserschläuche große Aufmerksamkeit zu widmen. Dieses Aquarium besitzt eine Länge von 90 cm, welche – wie bereits erwähnt – in Japan sehr beliebt ist.

Bei diesem nur 60 cm langen Aquarium läßt sich gut erkennen, daß es kein Problem ist, selbst kleinste Aquarien mit einem großzügigen Landteil zu dekorieren.

Die beiden Koniferen in der linken Hälfte stehen wieder für das Thema Bonsai. Der Wurzelaufbau rechts ist stark von Teichlebermoos *Riccia fluitans* überzogen, wobei es sehr wichtig ist, daß dieses Moos gut befeuchtet wird. Aus diesem Grunde ziehen sich mehrere Wasseradern über den Wurzelaufbau und bilden kleine Wasserfälle. Im Wasserteil harmonieren Wasserkelche und Amazonas-Schwertpflanzen gut, obwohl sie verschiedener Herkunft sind.

VORÜBERLEGUNGEN

Bevor Sie Ihr erstes Bonsai-Aquarium selbst aufbauen wollen, müssen Sie zuerst einmal dieses Buch durchlesen und sich mit dem Gedanken, des japanischen Bonsai-Aquariums auseinandersetzen. Die Landpflanzen sind das wichtigste am Bonsai-Aquarium und somit müssen Sie klar erkennen, daß diese Pflanzen teilweise noch sehr stark wachsen werden und somit der Landteil einer ständigen Veränderung unterliegen wird. Sie werden Argumente hören, wie beispielsweise, daß die Koniferen noch stark wachsen und dann nicht mehr für das Aquarium geeignet sein werden. Dies ist richtig, doch wie der Name Bonsai-Aquarium schon sagt, müssen Sie die Pflanzen regelmäßig beschneiden, damit sie im Wachstum eingeschränkt bleiben. Die Japaner haben bei der Bonsai-Pflege eine Jahrhunderte alte Tradition entwickelt und es gelingt ihnen, Bäume, die in der Natur schnell zehn Meter hoch wachsen, auf ein Minimaß von 40, 50 oder 60 cm zu halten. Dabei behalten die Bäume ihr typisches Aussehen und dies macht erst so richtig den Reiz eines Bonsai-Baums aus. Selbstverständlich müssen Sie nicht zum Bonsai-Künstler werden, wenn Sie ein solches Aquarium pflegen wollen, doch Sie müssen bereit sein, immer wieder die Schere einzusetzen und an den Bäumchen, Büschen und Pflanzen etwas wegzuschneiden. Ab und zu wird es sich auch nicht vermeiden lassen, eine Pflanze, die schlecht wächst, gegen eine andere auszutauschen oder beispielsweise eine zu alte Konifere gegen eine neue jüngere zu ersetzen. Doch dieser Aufwand ist wirklich nicht zu groß und in einem normalen Aquarium unterliegt die Bepflanzung ja auch immer wieder Veränderungen.

Im Zoofachhandel gibt es eine reichhaltige Pflanzenauswahl.

Auch das Gießen der Pflanzen im Landteil ist wenig aufwendig, denn ist das Aquarium richtig aufgebaut und die Wasserversorgung optimal geregelt, dann erhalten die Pflanzen genügend Feuchtigkeit durch das ständig zirkulierende Wasser und die dadurch entstehende Luftfeuchtigkeit über dem Aquarium. Auch kommt noch hinzu, daß sich die Wurzeln selbstverständlich schnell vollsaugen und zu einem Dauerwasserspender für die Landpflanzen werden. Beobachten Sie also die Trockenheit und die Feuchtigkeit der Erde im Landteil und seien Sie anfangs ganz vorsichtig, was das Gießen angeht, denn vielleicht ist es überhaupt nicht nötig, in Zukunft diese Pflanzen zu gießen.

Anfangs werden sich die Wurzeln erst einmal mit Wasser vollsaugen und dies hat zur Folge, daß ein gewisser Teil der ersten Aquarienfüllung in den Wurzeln und in der Erde verschwinden wird. Dies müssen Sie berücksichtigen und wahrscheinlich schon nach zwei Tagen nach dem Einfüllen des Wassers eine kräftige Portion Wasser nachgießen. Überhaupt ist die Kontrolle des Wasserstands eine wichtige Arbeit, denn wenn der Wasserstand zu stark abfallen würde, käme es dazu, daß eventuell die Pumpen kein Wasser mehr fördern und dadurch entstehen selbstverständlich Probleme.

Bei der Auswahl Ihres Aquariums können Sie nach eigenem Gutdünken wählen, denn die Form, welche das Aquarium hat, ist fast nebensächlich und es ist mehr oder weniger ihr Geschmack der hier den Ausschlag gibt. Schauen Sie sich doch einmal in Ruhe in einem Fachgeschäft die verschiedenen Aquarienrichtungen an. Ihr Aquarium sollte oben offen bleiben, denn dies ist ja der Reiz des Bonsai-Aquariums und ideal ist als Beleuchtung eine Hängeleuchte, wie sie für handelsübliche Aquarien verwendet wird. Haben Sie ein Aquarium erworben, so müssen Sie den Standort in Ihrer Wohnung festlegen. Vielleicht kaufen Sie gleich ein Untergestell für ein Aquarium, denn ein dekoratives Untergestell erhöht die Wirkung jedes Aquariums. Das Aquarium muß so aufgestellt werden, daß man bequem vom Sitzen aus in das Aquarium hineinschauen kann. Der richtige Standort ist auch von großer Bedeutung, denn bis auf wenige Stunden am Tag ist Sonnenlicht absolut zu meiden und es ist günstiger, wenn Sie eine Wand in Ihrem Wohnraum auswählen, die entfernt von der Fensterfront liegt. Auch ein Platz neben dem Heizkörper ist nicht ideal und selbstverständlich ist es geschickt, wenn in der Nähe des Aquariums gleich die entsprechenden elektrischen Anschlüsse vorhanden sind. Doch mit etwas Fantasie finden Sie sehr schnell den geeigneten Platz und schon kann das Aquarium aufgestellt werden. Daß ein Aquarium ein großes Gewicht besitzt, ist klar, denn ein Liter Wasser entspricht ja einem Kilogramm Gewicht und selbst wenn ein solches Bonsai-Aquarium weniger Wasser als ein normales Aquarium enthält, so kommen doch die Einrichtungsgegenstände wie Wurzeln, Sand und sonstiges noch dazu, so daß in etwa das gleiche Gewicht wie bei einem normalen Aquarium zusammenkommt. Dennoch ist ein Aquarium mit 60, 80 oder gar 120 cm Länge kein Problem für eine normal gebaute Wohnung und man braucht sich in dieser Richtung auch nicht zuviele Gedanken machen. Erst wenn Sie sich zu einem Super-Aquarium entschließen würden und dieses riesige Ausmaße annehmen würde, könnten Sie vielleicht Probleme bekommen, was das Gewicht angeht und müßten sich dann näher mit diesem Problem befassen.

Die Größe des ausgewählten Aquariums beeinflußt auch die Zusammenstellung der Dekoration. Bei kleineren Aquarien genügt es, ein großes Wurzelstück zu plazieren oder zwei etwa gleich große Wurzelstücke links und rechts einzubauen. Bei größeren Aquarien ist es am besten, das Aquarium mindestens in der hinteren Hälfte komplett mit Wurzeln auszugestalten. Es ist deshalb wichtig, daß Sie sich eine entsprechende Menge an geeigneten Wurzeln kaufen und wie bereits an anderer Stelle in diesem Buch erwähnt, sich einen Grundriß Ihres Aquariums auf Papier zeichnen und mit ins Geschäft nehmen. Dort können Sie dann die Wurzeln auf dieses Papier stellen und in etwa erkennen, wieviel Wurzelstücke Sie benötigen. Kaufen Sie unbedingt auch mehrere kleine Wurzeln, denn mit diesen können Sie gut Lücken füllen und reizvolle kleinere Dekorationen vornehmen. Da die Wurzeln teils instabil sind, auch wenn sie ineinander verkeilt werden, ist es gut, die Wurzeln einfach mit Hilfe von Schrauben zusammenzufügen. Sägen Sie die Wurzelstücke auch entsprechend zurecht, so daß wirklich alles gut paßt. Dieser Wurzelaufbau darf nicht schnell und hastig geschehen – nein Sie müssen sich hier wirklich Zeit lassen und überlegen, wie Sie die Wurzeln dekorativ zusammenfügen. Verwenden Sie für diesen Aufbau bitte ausreichend Zeit und dekorieren Sie vielleicht den Aufbau nach dem ersten Versuch noch einmal komplett um. Die kleinen dünnen Schläuche für die Wasserverteilung werden entlang der Wurzelstöcke verlegt und am besten mit einige U-Nägeln auf den Wurzeln fixiert. Es wurde in diesem Buch bereits erwähnt, daß es sehr hilfreich ist, wenn man in diese Schläuche einen Blumenbindedraht einführt, der dann dafür sorgt, daß die Schläuche auch da liegenbleiben, wo sie hingelegt werden. Dies ist so zu verstehen, daß dieser Draht die Aufgabe hat, den Verlauf der Schläuche zu vereinfachen. Wer ohne solchen Draht auskommen möchte, muß mehrere U-Nägel setzen, um die Schläuche am gewünschten Platz festzuhalten.

Das Moos ist von größter Bedeutung für Ihr Bonsai-Aquarium und deshalb ist es sinnvoll sich im Zoofachhandel umzuschauen und diverse Moossorten zu kaufen. Das Moos ist ein Feuchtigkeitsspender und trägt erheblich zum Gelingen eines Bonsai-Aquariums bei, denn es gibt nichts schöneres in einem Aquarium, als mit Moos bewachsene Wurzeln. Dies funktioniert sowohl über als auch unter Wasser. Unter Wasser können Sie das Moos an den Wurzeln festbinden, während über Wasser im Landteil ein auflegen und festdrücke ausreicht. Bereits nach zwei bis vier Wochen ist das Moos auf dem Landteil so stark angewachsen, daß kaum noch Probleme auftauchen werden.

Ideale Unterwasserpflanzen bekommen Sie bei Ihrem Zoofachhändler und dort können Sie auch nach Teich-, Sumpf- oder über Wasser wachsenden Pflanzen suchen.

Aufstellen des Aquariums an einem geeigneten Standort.

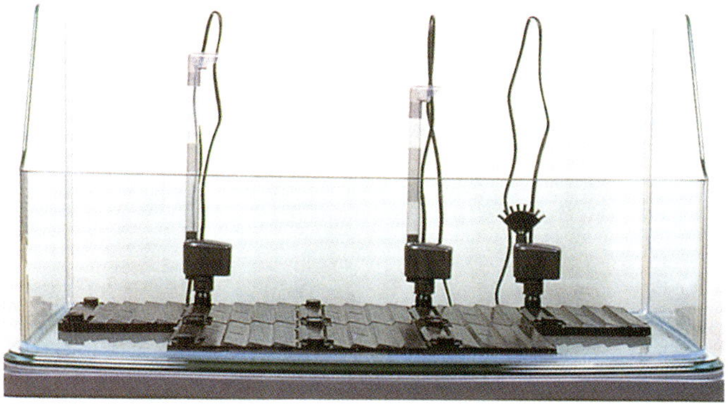

Einlegen des Bodenfilters mit den benötigten Pumpen.

Aufbau der Wurzeln.

Verteilung der Wasserschläuche und deren Befestigung.

Einfüllen des Bonsai-Aquarium-Sands.

Ein 90 cm-Aquarium

Vorsichtiges Einfüllen des Wassers.

Bepflanzung des Landteils.

Aufbringen des Mooses.

Einsetzen der Wasserpflanzen.

Ein fertiges Aquarium in der Einlaufzeit.

mit herrlichem Wassergarten

DER FILTEREINBAU

Vor dem Einbau der Filterpumpen muß eigentlich schon festgelegt werden, wo später ein Wasserfall sein soll, denn die beiden linken Pumpen sind hierfür gedacht. Die rechte Pumpe mit dem Verteilerfinger für acht Wasserschläuche übernimmt die Aufgabe, kleinere Wassermengen zu den Pflanzen zu befördern und dafür zu sorgen, daß das Teichlebermoos immer gut bewässert wird.
In Deutschland sind Bodenfilter nicht mehr gebräuchlich und lediglich die Firma EHEIM bietet ein ähnliches Bodenfilterfluter-System an. Sicherlich werden Zoofachhändler eine Lösung anbieten können, die etwa dem japanischen Filtersystem entsprechen. Der japanische Bodengrund wird inzwischen über die Firma Dennerle in Europa vertrieben und somit ist es möglich, ein solches Bonsai-Aquarium nachzubauen und einzurichten. Der einzige Schwachpunkt ist momentan noch die Filterung und die Verteilung für die Wasserschläuche. Die kleinen Kugeln des Bodengrunds verdichten sich nur langsam und erst nach etwa einem Jahr Betriebszeit ist festzustellen, daß die Oberfläche des Bodengrunds wesentlich feinkörniger geworden ist. Eine Problematik entsteht beim Einpflanzen der Wasserpflanzen, denn die Haftung der feinen Wurzeln, die oft auch noch beschnitten wurden, ist relativ schlecht und bei starker Wasserbewegung oder im Bodengrund wühlenden Fischen kommt es zu einem sich Lösen der Pflanzen, was anfangs dem Aquarianer einige Kopfschmerzen bereiten kann.

Für die Aufstellung des Aquariums ist ein geeigneter Ort zu suchen.

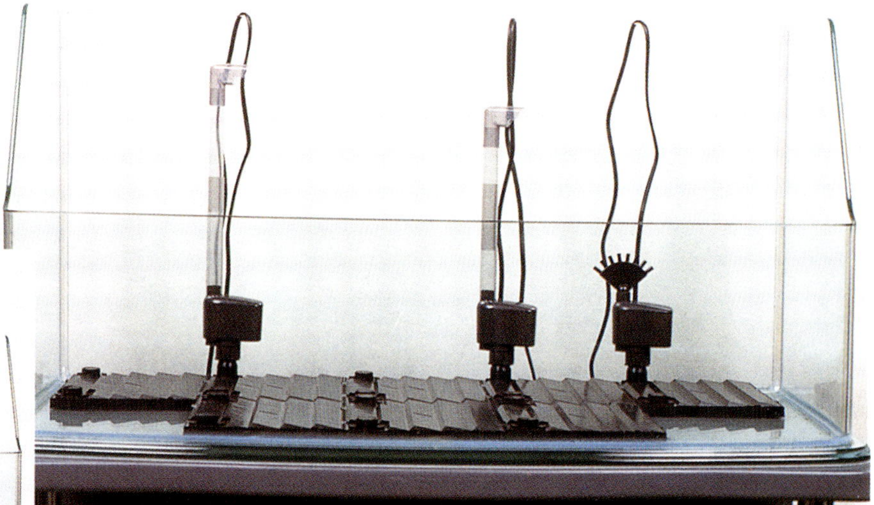

Oben: Plazierung der Pumpen entsprechend dem späteren Wasserverlauf.

Links: Zuerst wird der Bodenfilter eingelegt.

Der Wurzeleinbau

Auf dem größeren Bild sieht der Einbau der Wurzeln sehr einfach aus, doch dies täuscht. Sie müssen unbedingt für das Aquarium geeignete Wurzeln auswählen und keinesfalls dürfen Sie Wurzeln von einem Spaziergang mitbringen, denn diese würden im Aquarium zu faulen beginnen. Kaufen Sie die Wurzeln im Aquaristik-Fachgeschäft und versuchen Sie gleich dort, die Wurzeln passend zur Aquariengröße auszuwählen. Die hintere Hälfte des Aquariums muß wirklich gut mit Wurzeln gefüllt werden, damit sich alle Pflanzen verankern lassen.

Außerdem müssen die Wurzeln die Technik verdecken. In der vorderen Hälfte ist ein Schwimmraum für die Fische in der Aquarienmitte einzuplanen. Die Wurzeln sind so zu plazieren, daß der Wasseraustritt für die Wasserfälle auch an der richtigen Stelle ist, denn nur wenn das Wasser möglichst ungehindert über die Wurzelstöcke in den Aquarienteil fließen kann, entsteht ein solcher Wasserfall der optisch gut wirkt. Etwaige Korrekturen können vor allem mit kleineren Wurzelteilen vorgenommen werden. Für die Pflanzen ist es wichtig, daß zwischen den Wurzeln Mulden ausgebildet werden, die später mit Filterwatte abgedichtet und mit Bonsai-Aquarium-Sand gefüllt werden können.

Die Standzeit eines solchen Bonsai-Aquariums beträgt problemlos mehrere Jahre, wenn bei der Wurzelauswahl kein Fehler gemacht wurde. Sie müssen berücksichtigen, daß etwa die Hälfte der Wurzelmasse ständig unter Wasser steht. Aber auch die übrigen Wurzelteile werden permanent Feuchtigkeit ausgesetzt.

Mit kleineren Wurzelstücken können Hohlräume verschlossen werden.

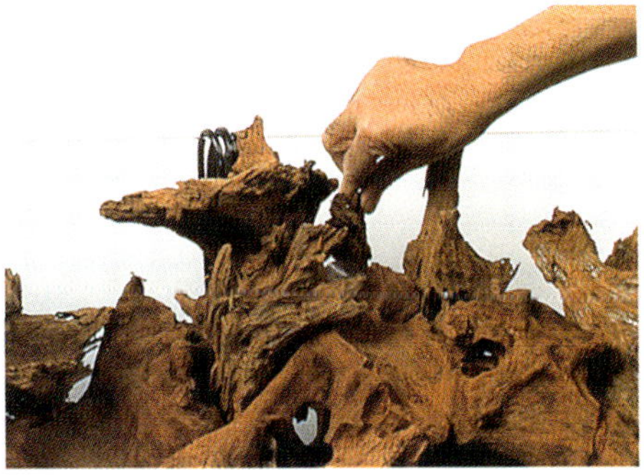

Der Wasseraustritt für den Wasserfall wird fixiert .

Die Hauptarbeit des Wurzelaufbaus ist getan und danach richtet sich jetzt die Bepflanzung.

水景の主役

「魚」のた

Mit Hilfe von möglichst braunen oder schwarzen Kunststoffbändern, wie sie auch zum Verschließen von Gefrierbeuteln verwendet werden, können die Wasserschläuche an den Wurzeln befestigt werden.

Die Wasserschläuche wurden zum Teil schon installiert und mit Kunststoffbändern an den Wurzeln fixiert.

Einbau der Wasserverteilung

Die Verlegung der Wasserschläuche muß so vorgenommen werden, daß der Wasseraustritt später an der richtigen Stelle geschieht, damit die einen Pflanzen viel und die anderen wenig Wasser bekommen. Wahrscheinlich müssen Sie beim Verlegen der Wasserschläuche manchmal mit einem Bohrer etwas nachhelfen, um an der gewünschten Stelle einen Durchbruch durch das Holz zu schaffen. Besonders die Wasseraustritte für die Wasserfälle müssen an der richtigen Stelle sein und auch sie sind zu befestigen, damit nachher im Betrieb keine Veränderung des Wasserlaufs erfolgt. Decken Sie die Mündungen entsprechend mit Wurzelstöcken ab und später verkleiden Sie das Endstück des Rohrs noch etwas mit Moos und schon haben Sie einen perfekten Wasserfall, bei dem nichts mehr von der künstlichen Bewässerung zu sehen ist. Als kleiner Trick sei noch angemerkt, daß die dünnen Wasserschläuche auch mit einem Blumenbindedraht durchzogen werden können, damit sie sich schön entlang der Wurzelstöcke biegen lassen. Dieser Trick ist manchmal sehr wirksam und hilfreich und Sie sollten ihn wirklich ausprobieren.

An den Wasserverteiler können acht Schläuche angeschlossen werden.

Diese kleinen Schläuche werden an die gewünschte Stelle gezogen und festgebunden.

Überstehende Befestigungsbänder werden einfach abgeschnitten.

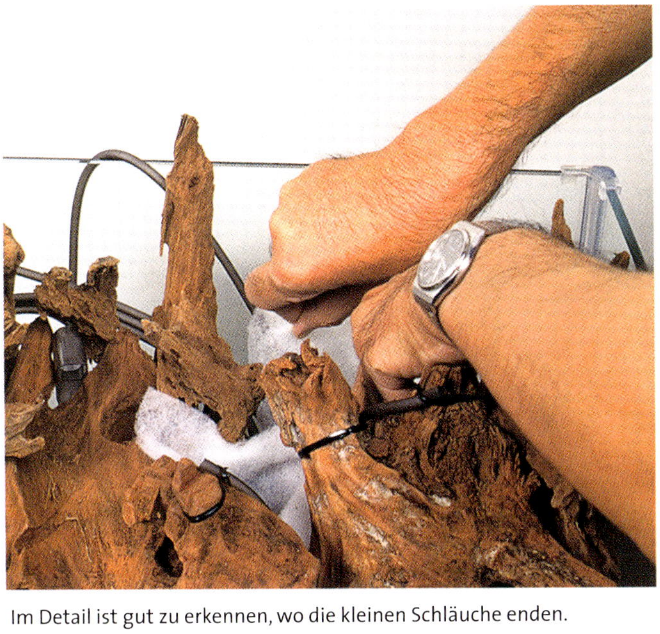

Im Detail ist gut zu erkennen, wo die kleinen Schläuche enden.

Je besser die Wasserverteilung, desto optimaler der Moosbewuchs.

Einbringen des Sands

Funktionsträger des Bonsai-Aquariums ist der speziell in Japan gefertigte Bodengrund. In Japan wird dieser als Bonsai-Aquarium-Sand bezeichnet. Inzwischen ist dieses Produkt in Europa erhältlich. Zum Einbringen in das Aquarium muß der Sand nicht gewaschen werden, sondern er kann direkt aus dem Beutel in das Aquarium gefüllt werden. Die Mindesthöhe muß 5 cm, besser 8 cm betragen. Sehr große Aquarien vertragen auch eine Sandhöhe von 10 cm. Dieser Spezialsand enthält eine ausgewogene Mischung von Mineralstoffen und Düngezusätzen, die sehr langsam an das Wasser abgegeben werden. So ist es möglich, ein Bonsai-Aquarium mehrere Jahre zu betreiben. Da es im Fachhandel sehr gute Pflanzendünger gibt, empfiehlt es sich jedoch, bei Wuchsproblemen ab und zu sehr gezielt nachzudüngen. Eine Überdüngung muß aber unterbleiben. In Japan gibt es verschiedene Sandkombinationen, die pH-Wert stabilisiert sind. So gibt es beispielsweise Spezialsand für Südamerika-Aquarien mit einem niedrigeren pH-Wert von etwa 6,2 bis 6,5 und für lebendgebärende Fische wie beispielsweise Guppys einen stabilisierten Sand, der einen pH-Wert von 7,2 bis 7,5 einregelt. Der momentan in Europa erhältliche Sand ist als neutral einzustufen und kann bedenkenlos eingesetzt werden. Der gleiche Sand wird auch für die Pflanzen des Landteils verwendet. Zu diesem Zweck müssen zwischen den Wurzelstöcken Pflanzlöcher eingesetzt werden. Da die feinen Kugeln des Sands zwischen den Wurzelstöcken verschwinden würden, muß der Sand fixiert werden. Dies ist einfach durch Matten aus Filterwatte zu bewerkstelligen. Legen Sie hierzu die Löcher mit Filterwatte oder den dünnen Matten aus, fixieren Sie diese und füllen Sie vorsichtig das Pflanzloch mit dem Sand zu. Feuchten Sie den Sand an und setzen Sie dann später die Pflanzen ein. Haben sich erst einmal neue Wurzeln gebildet, so werden sich die Pflanzen fest verankern und teilweise ihr Wurzelwerk über die großen Wurzeln der Einrichtung erstrecken und sich so festkrallen.

Filtermatten sind leicht zu teilen.

In Pflanzloch fixieren.

Sand einfüllen.

Pflanzloch gut bedecken.

Hier ist bereits der Bodengrund komplett eingebracht und die Pflanzlöcher für die Landpflanzen sind vorbereitet. Die Wasserschläuche wurden an den Wurzelstöcken befestigt.

DER PROBELAUF

Jetzt kommt die Zeit, das Wasser einzulassen und hierbei ist es am günstigsten, den Wasserstrahl vorsichtig über die Wurzeln laufen zu lassen, damit der Bodengrund nicht aufgewühlt wird. Lassen Sie sich für das Einfüllen des Wassers bitte genügend Zeit. Der Wasserstand kann gleich so hoch gewählt werden, wie Sie sich dies vorstellen. Allerdings ist ein genügender Rand zur Aquarienoberkante zu belassen, damit beim Hantieren im Wasser und beim Einsetzen der Wasserpflanzen nichts überschwappt.

Starten Sie nacheinander die Filterpumpen, um festzustellen, ob diese richtig funktionieren und ob das Wasser auch an der richtigen Stelle über das Wurzelholz läuft. Kleine Korrekturen können jetzt noch angebracht werden, was nach Bewuchs kaum noch möglich ist. Lassen Sie die Pumpen jetzt mindestens für einen Tag probelaufen, ohne daß Sie mit der Bepflanzung beginnen. Erst wenn alles zu Ihrer Zufriedenheit verläuft können Sie mit dem Einsetzen der ersten Pflanzen beginnen. Selbstverständlich dürfen noch keine Fische eingesetzt werden, denn erst nach etwa vier Wochen ist das biologische Gleichgewicht im Aquarium hergestellt.

Seitlich wurde eine Markierung angebracht, die den Mindestwasserstand anzeigt.

Ansicht des Aquariums beim Probelauf.

Beim Einfüllen vorsichtig vorgehen.

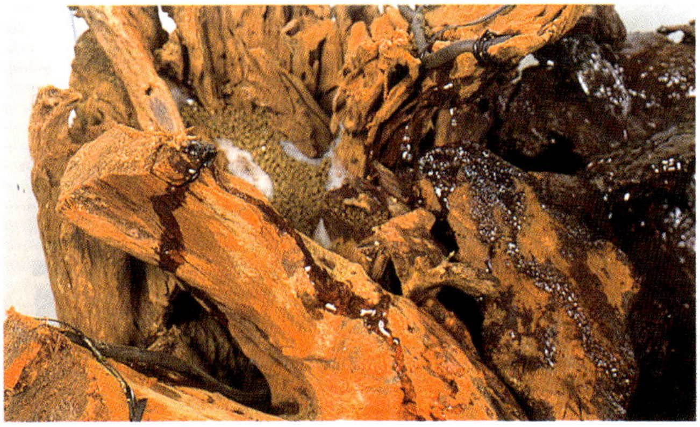

In der Mitte ist ein Pflanzloch mit Filterwatte und Sand zu sehen.

DIE PFLANZPLÄNE

Sie haben sich überlegt, welche Landpflanzen Ihr Bonsai-Aquarium schmücken sollen und diese im Fachhandel gekauft. Zu Hause angekommen, sollten Sie zuerst einmal die Pflanzen im Originaltopf belassen und an die gewünschte Stelle auf die Wurzelstöcke setzen. Bis jetzt ist noch nichts fest eingepflanzt worden. Betrachten Sie das Arrangement von vorne und auch von oben.

In diesen hier gezeigten Beispielen sehen Sie, welche Auswirkungen die Betrachtungsweise hat. Jetzt können Sie die Pflanzen verschieben und sich dann auf einem Zettel notieren, wo welche Pflanze eingesetzt werden soll. Dann entfernen Sie die Pflanzen aus ihren Töpfen und beginnen mit dem Einpflanzen zwischen den Wurzelstöcken wie es in diesem Buch bereits beschrieben wurde.

1.+2. Koniferen 3. Mini-Bonsai 4. *Ficus pumila* 5. *Chlorophytum bichetii* 6. *Selaginella tamariscina* 7. Mooskissen 8. *Cryptanthus bivittatus* 9. *Artemisia schmidtiana* 10. Konifere 11. *Thuja* spp.

1. *Pedilanthus tithymaloides* 2. *Hypoestes* spp. 3. *Alocasia* spp. 4. *Ceropegia woodii* 5. *Tradescantia virginiana* 6. Konifere 7. Mooskissen 8. *Thuja* spp. 9. Farn 10. *Artemisia schmidtiana* 11. *Ficus pumila*

1. *Pedilanthus tithymaloides* 2. *Selaginella involvens* 3. *Ficus pumila* 4. *Chlorophytum bichetii* 5. *Tradescantia virginiana* 6. *Hypoestes* 7. *Chamaedorea elegans* 8. *Spathiphillum* spp. 9. *Arabis glabra* 10. *Hedera helix*

1. *Chlorophytum bichetii* 2. *Cyperus alternifolius* 3.+4. *Artemisia schmidtiana* 5. *Acorus gramineus* 6. *Selaginella tamariscina* 7.+8. Mooskissen

1. *Alocasia* spp. 2. *Chamaedorea elegans* 3. *Hypoestes* spp. 4. *Vriesea carinata* 5. *Tradescantia virginiana* 6. *Ficus pumila* 7. *Acorus gramineus* 8. *Artemisia schmidtiana* 9. *Thuja* spp. 10. *Cryptanthus bivittatus* 11. Konifere 12. *Selaginella tamariscina*

1. *Spathiphyllum* spp. 2. Konifere 3. *Ficus pumila* 4. *Acorus gramineus* 5. *Ilex aquifolium* 6. *Duranta erecta* 7. *Selaginella involvens*

1. *Dieffenbachia* spp. 2. *Peperomia* spp. 3. *Vriesea carianta* 4. *Ficus pumila* 5. *Pilea codierei* 6. *Acorus gramineus* 7.+8.+9. *Asparagus densiflorus* 10. *Alternanthera* spp.

Einbau der Landpflanzen

Sobald sich der pH-Wert des Wassers stabilisiert hat und die Wurzeln sich vollgesaugt hatten, kann mit der Bepflanzung des Landteils begonnen werden. Anfangs werden die Wurzeln einiges Wasser aufsaugen und Sie müssen dieses dann rechtzeitig ersetzen. Es kann auch passieren, daß die Wurzeln Gerb- und Farbstoffe an das Wasser abgeben. Es empfiehlt sich dann, einen Teil des Wassers wieder gegen Frischwasser auszutauschen oder kurzfristig einen Aktivkohlefilter anzuschließen. Wie stark die Veränderung des Wassers durch die Wurzeln sein wird, hängt auch von der Art der gekauften Wurzeln ab. Keinesfalls dürfen Sie einen alten Fehler der Aquaristik machen und schnellstens die Fische einsetzen. Es ist selbstverständlich schwer, ein Aquarium ohne Fische zu besitzen, doch Sie müssen sich wirklich vier Wochen Zeit lassen, bis Sie die Fische einsetzen können. Dann gibt es auch keinerlei Probleme und Sie werden Freude an Ihrem Aquarium haben. Die Faszination, welche von den Landpflanzenteilen der Bonsai-Aquarien ausgeht, resultiert daraus, daß diese Aquarien aussehen wie kleine Gärten. Da die Gartenpflege in Deutschland zum beliebtesten Hobby geworden ist, sollte die Pflege eines Minigartens im Aquarium auch ein sehr reizvolles Hobby sein. Auch hier ist es nötig, immer wieder für Ordnung zu sorgen, stark wachsende Pflanzen zurückzuschneiden, Blätter zu entfernen oder gar ein

Sind alle Wurzeln eingesetzt, so empfiehlt es sich, einen endgültigen Pflanzplan zu skizzieren, damit Sie festlegen können, wo letztendlich die richtige Pflanze sitzt.

Beim Einsetzen von Topfpflanzen können diese mit Filterwatte umhüllt werden, damit die Erde nicht so leicht abfällt. Abgedeckt wird in jedem Fall mit Bonsai-Aquarium-Sand.

Acorus gramineus wird hier beispielsweise im Bereich des Wasserspiegels eingesetzt und eine gute Fixierung der Wurzeln ist sehr wichtig.

Sind die Pflanzen erst einmal eingesetzt, werden die Zwischenräume, bzw. die Pflanzlöcher zusätzlich mit Bonsai-Aquarium-Sand aufgefüllt.

Bäumchen auszutauschen, weil es zu schnell gewachsen ist. Die Koniferen sind etwas schwieriger zu pflegen, denn die Wurzeln dürfen keinesfalls austrocknen Werden sie zu trocken gehalten, so sterben sie innerhalb von drei Wochen ab. Andererseits dürfen sie nicht in tropfendem Nass stehen, denn sonst beginnen die Wurzeln abzufaulen. Da die Koniferen aus dem Pflanztopf entfernt werden, um sie in das Aquarium zu pflanzen, ist es günstig, nach dem Entfernen des Topfes die Wurzeln kurz in ein Gefäß mit Wasser zu stellen, damit sie Feuchtigkeit ansaugen können. Erst dann sollten sie in das Pflanzloch eingesetzt werden, wobei ein Großteil ihrer alten Erde mit verwendet wird. Abgedeckt wird das Pflanzloch dann mit Bonsai-Aquarium-Sand. Einige Liebhaber der Bonsai-Aquarien haben sogar Kakteen in den Landteil ihrer Aquarien gepflanzt. Dies ist sicherlich nicht so glücklich, denn die meisten Kakteen brauchen nur sehr wenig Wasser. Da in den Bonsai-Aquarien immer eine gewisse Feuchtigkeit herrscht, ist es sehr schwierig und mühsam, einen trockenen Landteil einzubauen, wo Kakteen dauerhaft gepflegt werden können.

Beim Einpflanzen darf nicht das Mißverständnis entstehen, daß die Landpflanzen völlig von ihrer Alterde befreit werden, um sie ausschließlich in Bonsai-Aquarium-Sand zu setzen. Ein Teil der alten Erde muß immer miteingesetzt werden.

Je nach Wasserbedarf können Sie dann die Wasserleitungen in die Nähe der wasserbedürftigen Pflanzen legen und somit später ein ständiges Gießen vermeiden. Eine regelmäßige Kontrolle der Feuchtigkeit und ein zusätzliches Gießen kann später nicht unterbleiben. Die Pflegebedürfnisse der Pflanzen erfahren Sie meist beim Kauf und Sie sollten die Informationshinweise aufbewahren, bis Sie den idealen Pflegerhythmus gefunden haben. Je mehr Feuchtigkeit eine Pflanze benötigt, desto tiefer wird sie in den Landteil gesetzt. Bedenken Sie, daß es sich hier um einen künstlich angelegten Minigarten handelt und daß aus ästhetischen Gründen meist Kompromisse zu schließen sind. Die Natur nachzuempfinden ist schwierig, denn sie ist nicht ein Produkt, welches menschlichem Verlangen folgt, sondern sie unterliegt ihren eigenen Notwendigkeiten.

Der Landteil ist nur etwas zur Häfte bepflanzt.

Fertig abgeschlossene Bepflanzung, Einsicht von schräg oben.

Moos ist wichtig

Die ersten Moospolster wurden eingesetzt.

Sind die Landpflanzen eingesetzt, dann beginnt eine sehr wichtige Arbeit. Jetzt muß das Javamoos und Teichlebermoos auf den Wurzeln befestigt werden. Diese Arbeit ist nicht besonders schwer, denn zwischen dem Wurzelholz läßt sich das Moos feststecken und es wächst sowieso sehr schnell an. Spätestens nach vier Wochen – bei guter Bewässerung – ist das Moos angewachsen und beginnt auch, sich zu verbreiten. Mit dem Moosbewuchs lassen sich gut alle Wasserschläuche verstecken. Im Bereich der Wurzeln von anderen Pflanzen darf das Moos nicht zu dick eingesetzt werden, da es sonst diesen Wurzeln und damit den Pflanzen Nahrung entziehen kann.

Zwischen den Wurzeln läßt sich das Moos gut festklemmen.

Kleine Mengen Bonsai-Aquarium-Sand werden zwischen die Wurzeln gestreut.

Die Bepflanzung des Landteils ist abgeschlossen.

Fertig bepflanzter Wasser- und Landteil.

Die Wurzeln der Wasserpflanzen müssen von Verpackungsmaterial und anderen Rückständen befreit werden.

Einsetzen der Aquarienpflanzen

Als letztes werden die Unterwasserpflanzen eingesetzt. Die Auswahl der Wasserpflanzen ist auch vom Fischbesatz abhängig, denn wenn Sie beispielsweise Fische aus Südamerika pflegen, wollen Sie auch möglicherweise Pflanzen aus diesem Gebiet dazusetzen. Der Wasserteil ist auch immer dem Landteil in der Aussagekraft untergeordnet, denn die Wirkung der Bonsai-Aquarien geht in erster Linie von den Pflanzen des Landteils aus. Die Fixierung der Wurzeln im Bonsai-Aquarium-Sand ist schwierig, denn anfangs ist dieser sehr locker und es kann passieren, daß am nächsten Tag ein Teil der Pflanzen lose im Wasser schwimmt. Anfangs können Sie auch versuchen, Die Pflanzen mit Hilfe einiger Kieselsteine im Sand zu befestigen. Je nach Wuchsgröße der Pflanzen können Sie mehrere zu einem Bund zusammenfassen oder Sie wählen kleiner bleibende Solitärpflanzen aus, die einen schönen Kontrast zur reichhaltigen Bepflanzung des Landteils bilden können. Da der Wasserstand nie so hoch wie in einem normalen Aquarium ist, müssen Sie unbedingt kleiner bleibende Pflanzen auswählen, denn die Wasserpflanzen dürfen nicht über den Wasserspiegel herauswachsen.

Mit einer Pflanzpinzette können Korrekturen vorgenommen werden.

Der Abschluss

Die meiste Arbeit ist getan, das Aquarium hat sich prächtig eingelaufen und die Pflanzen beginnen zu wachsen. Bei einem Bonsai-Aquarium müssen Sie bedenken, daß durch die ständige Wasserzirkulation über den Landteil eine etwas andere biologische Reaktion abläuft als in einem normal bepflanzten Aquarium herkömmlicher Art. Deshalb sollten Sie auch nach etwa zehn bis vierzehn Tagen einen großen Teilwasserwechsel von mindestens 50 bis 80 % vorgenommen haben. So können Sie einen Großteil unerwünschter Stoffe, die anfangs im Aquarium entstehen, aus dem Aquarium entfernen. Jetzt geben Sie dem Aquarium wieder zwei Wochen Zeit, dann nehmen Sie nochmals einen Teilwasserwechsel von etwa einem Drittel der Wassermenge vor und setzen danach einige Tage später die Fische ein.
Welche Fische passen in unser Bonsai-Aquarium?

Gut wachsene Pflanzen müssen zurückgeschnitten werden.

Fertiges Bonsai-Aquarium mit Fischbesatz.

Temperaturangleichung für die Fische.

Die Fische immer langsam in das Aquarium geben.

1. Konifere „Goldcrest“
2. Konifere „Boulevard“
3. *Ficus pumila*
4. *Berberis thunibergii*
5. *Acorus gramineus*
6. *Artemisia schmidtiana*
7. *Selaginella tamariscina*
8. *Cryptanthus bivittatus*
9. Konifere „Goldstar“
10. *Ficus microcarpa*
11. *Thuja*, „Rheingold“
12. *Selaginella*-Farn
13. *Hedera helix*

Bepflanzung direkt nach dem Einsetzen.

Gleiche Bepflanzung nach zwei Wochen Wuchszeit.

Ebenfalls gleiche Bepflanzung nach vier Wochen Wuchszeit.

Die Auswahl ist groß und das Angebot verlockend. Sie sollten sich beschränken und möglichst nur eine Art einsetzen, denn in Ihrem Bonsai-Aquarium sollen die Fische nur eine feine Abrundung des Gesamtbildes sein. Die Fische sollen nicht dominieren, sondern der Landteil ist die Hauptsache bei diesem Aquariumtyp. Lassen Sie sich über die Pflegeansprüche der Fische beraten und betrachten Sie die in diesem Buch empfohlenen Fische im Artenteil sehr genau. In Japan sind Süßwassergarnelen inzwischen sehr beliebt und auch in Europa werden sie verstärkt angeboten. Es gibt interessant gefärbte Garnelen, die dankbare Pfleglinge sind. Allerdings muß berücksichtigt werden, daß die kleinen Garnelen für viele Fische auch ein begehrenswerter Leckerbissen sind.

Aufstellen des Aquariums.

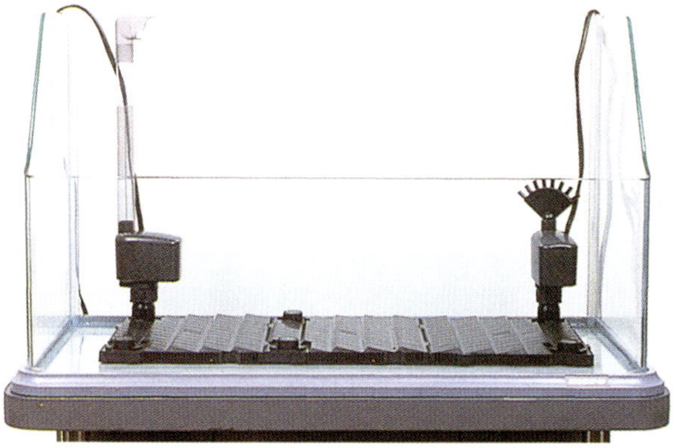

Bodenfluter mit Pumpen einsetzen.

Konstruktion der Mangrovenwurzeln.

Verteilung der Wasserschläuche.

Einfüllen des Bodengrunds.

Ein 60 cm-Bonsai-

Einfüllen des Wassers.

Einsetzen der Landpflanzen.

Einsetzen des Mooses.

Einsetzen der Wasserpflanzen.

Fertiges Aquarium.

AQUARIUM ENTSTEHT

Das 60 cm-Bonsai-Aquarium

Das kleine 60 cm-Aquarium ist nicht nur in Japan, sondern auch in Europa sehr beliebt. Bei den 60 cm-Aquarien handelt es sich meist um sogenannte Einsteiger-Aquarien, die bei uns zu günstigen Preisen als Komplett-Sets angeboten werden. Da bei diesen Komplett-Sets immer ein günstiger Verkaufspreis angestrebt wird, birgt diese Art des günstigen Einsteigeraquariums große Gefahren, denn ohne eine gute Technik funktioniert ein so kleines Aquarium meist schlecht. Dies hat dann zur Folge, daß diese Aquarien schon nach kurzer Zeit wieder abgebaut werden. Das ist eigentlich sehr bedauerlich und bei unserem Bonsai-Aquarium darf dies nicht passieren. Das kleine Bonsai-Aquarium von 60 cm Größe ist ganz anders konzipiert als die üblichen Fischaquarien. Hier wird der Schwerpunkt auf die Pflanzen und im besonderen die Landpflanzen gelegt und der Wasserteil ist eine Ergänzung, welche in erster Linie der Bewässerung des Landteils dienen soll. Die Fische sind ebenfalls nur Beigabe und wenn Sie sich in der Menge der Fische beschränken, werden auch keine Probleme auftauchen. Der Einsatz eines Bodenfilters oder Bodenfluters ist in europäischen Aquarien die Ausnahme. Die japanische Philosophie des speziellen Bonsai-Aquarium-Sands beruht aber darauf, daß zum einen durch die feinen Körnchen eine Filterung vorgenommen wird, zum anderen langsam Pflanzennährstoffe an das Wasser abgegeben werden. Ohne diesen Bodenaufbau dürfte es schwierig werden, ein solches Bonsai-Aquarium zufriedenstellend über einen längeren Zeitraum zu betreiben.

Die japanischen Glasaquarien mit schrägen Seitenscheiben und abgesenkter Frontscheibe sind sehr attraktiv und hoffentlich bald in Europa erhältlich.

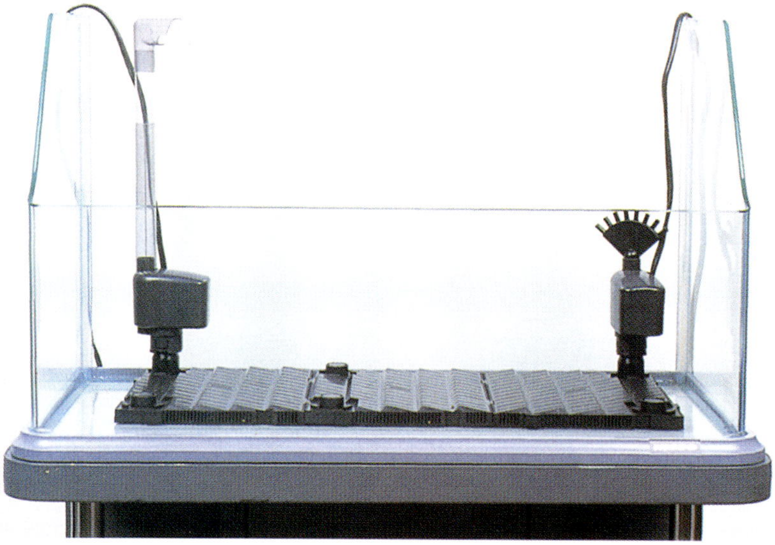

Der Bodenfluter mit den Pumpen wird zuerst installiert und die Pumpe für den Wasserfall muß gleich am richtigen Platz eingesetzt werden.

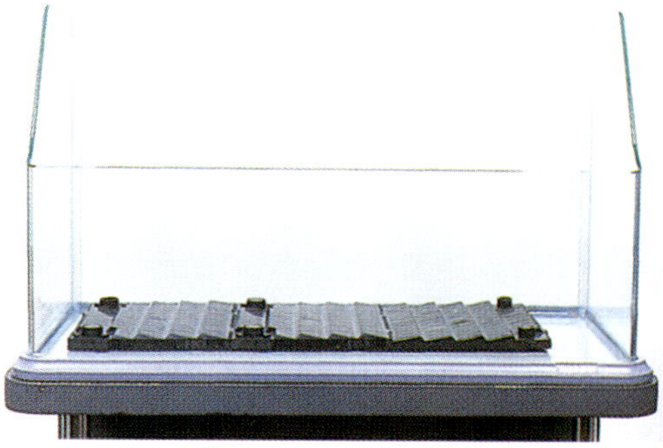

Bei der Aufstellung des Bonsai-Aquariums darf – im Gegensatz zu anderen Aquarien – durchaus ein Platz in der Wohnung ausgewählt werden, an dem einige Stunden am Tag Sonnenlicht auf das Aquarium fällt. Die Landpflanzen werden hierfür dankbar sein. Bei diesem 60 cm Aquarium werden zwei Pumpen eingesetzt, wobei die linke Pumpe die Aufgabe hat, einen Wasserfall zu betreiben. Somit ist bei der Auswahl der Mangrovenwurzeln eine Wurzel zu finden, die auch für die Bildung eines Wasserfalls geeignet ist. Der Auswahl der Wurzeln kommt große Bedeutung zu, denn die Wurzeln sind das wichtigste Gestaltungsmerkmal dieses Aquarientyps. Wenn Sie Ihren Fachhändler aufsuchen, um diese für Ihr Aquarium auszusuchen, so benötigen Sie genaue Größenangaben Ihres Aquariums und es wäre eventuell sinnvoll, ein Stück ausgeschnittenes Papier in der Größe des Aquarienbodens mitzunehmen, damit Sie vor Ort im Geschäft die Wurzeln auf dieses Papier stellen können. Schnell sind die Wurzeln nämlich zu groß gekauft und dann müssen Sie mit einer Säge dafür sorgen, daß die Wurzeln auch ins Aquarium passen. Sollten Sie Ihr Aquarium aber beim Händler kaufen, ist es klug, gleich die Wurzeln mitzukaufen und diese auch im Geschäft einzupassen. An diesem Beispiel sehen Sie, daß hier zwei große Wurzeln als Hauptgegenstände eingesetzt wurden und mittig eine kleine Wurzel geschickt als Brücke eingebaut werden konnte. Dieses Einbauen eines Wurzelstücks kann mit Schrauben zu einer dauerhaften Angelegenheit werden. Scheuen Sie sich nicht, diese Wurzeln mit einigen Schrauben zu befestigen. Werden die Wurzelstöcke sehr eng in das Aquarium gequetscht, dann kann es zum Glasbruch kommen, denn die Wurzeln saugen sich voll und dehnen sich aus. Lassen Sie also etwas Spielraum an den Aquarienwänden. Die Wurzeln sind auch so auszuwählen, daß genügend Platz für das Einsetzen vieler Pflanzen bleibt. Auf die Auswahl geeigneter Wurzeln muß nochmals hingewiesen werden, denn nur wenn diese nicht im Wasser zu faulen beginnen, werden Sie auch Freude an Ihrem Aquarium haben.

Der Regelheizer für den Wasserteil kommt hinter die Wurzeln.

Damit der Heizer unsichtbar wird, ist er mit Wurzelstücken zu verkleiden.

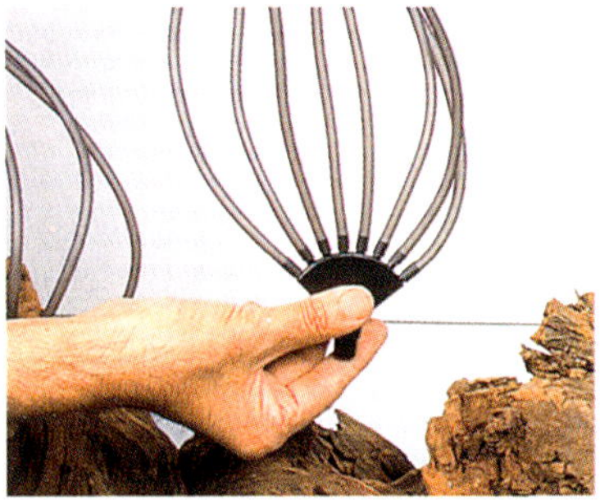

Wasserverteiler..

Fixierung der Schläuche.

Fixierte Schläuche.

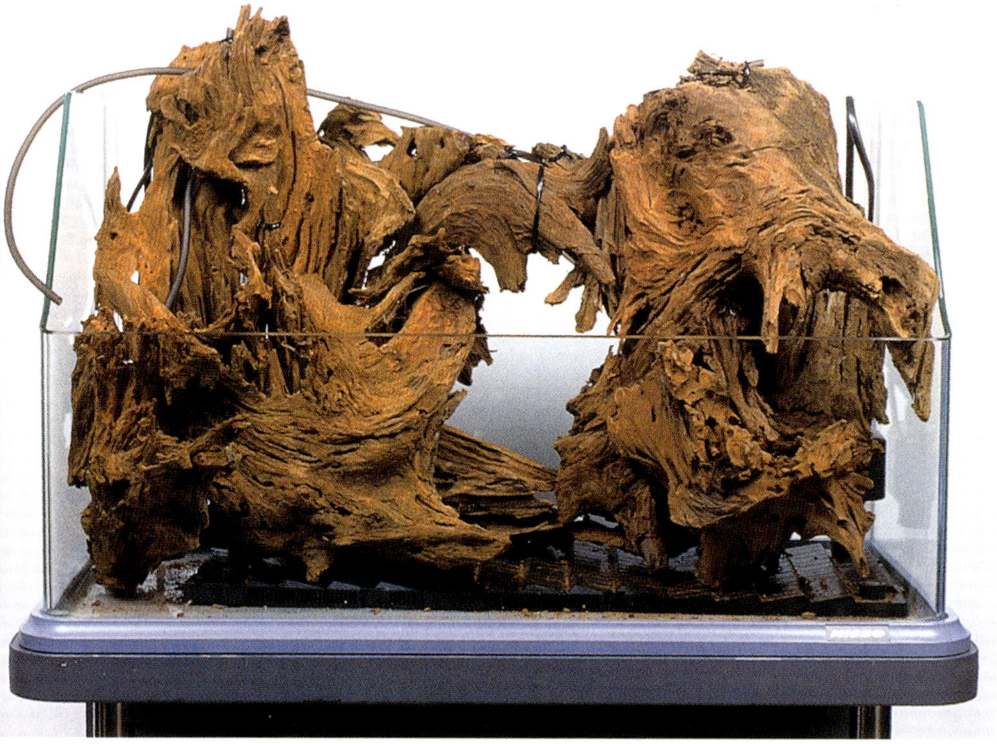

Alle Wasserschläuche sind fixiert und der Aufbau ist beendet.

Ansicht von der Rückseite. Hier ist die Verlegung der Wasserschläuche schön zu sehen.

Verlegen der Wasserläufe

Eine sehr aufwendige Arbeit ist das Verlegen der kleinen Wasserschläuche. Über den Verteilerfinger der Pumpe können acht Schläuche angeschlossen werden, die dann zu den verschiedensten Standorten geführt werden. Damit Sie wissen, wo Sie besonders viel Wasser am Wurzelwerk benötigen, müssen Sie sich vorher schon Gedanken über die Bepflanzung gemacht haben. Die feinen Schläuche sind zwar elastisch genug, um zwischen den Wurzeln durchgeführt zu werden, aber dennoch können sie gedrückt und gequetscht werden, so daß später der Wasserdurchfluß stoppt.

Kleine und große Wasserfälle verleihen dem Bonsai-Aquarium seine einzigartige Schönheit und deshalb sind sie ein wichtiger Teil der Gestaltung. Kleine Wasserfälle werden auch durch die acht Wasserschläuche erzeugt. Teilweise sind diese Wasserläufe kaum sichtbar, da sie im Lauf der Zeit vom Pflanzenwuchs verdeckt werden. Wasserläufe sind aber nicht nur für das interessante Aussehen, sondern auch für das praktische Funktionieren des Bonsai-Aquariums wichtig. Sie transportieren das Wasser auf die Höhen des Aquariums und Kohlendioxid entweicht, während das fließende Wasser mit Sauerstoff angereichert wird. Das so mit Sauerstoff angereicherte Wasser fließt in den Wasserteil zurück und versorgt letztendlich auch die Fische mit Sauerstoff. Sehr schön sieht es aus, wenn ein Wasserfall über die Wurzel herabläuft, sich das Wasser dann in einem kleinen Tal sammelt und von dort wieder als zweiter Wasserfall weiterläuft. Solche Talmulden müssen durch die Wurzeln gebildet werden und somit können Sie wieder deutlich erkennen, wie wichtig die Auswahl der richtigen Wurzeln ist.

水景主

Einfüllen des Bonsai-Aquarium-Sands.

Der Sand ist in einer Mindesthöhe von 5 cm einzufüllen und einigermaßen glattzustreichen.

Einfüllen des Wassers

Das Einfüllen des Wassers muß vorsichtig geschehen, denn sonst wird zuviel Aquarienboden aufgewühlt und es dauert einige Zeit bis das Wasser wieder klar wird. Bei diesen Aquarien können Sie das Wasser einfach vorsichtig über die Wurzeln nach unten laufen lassen. Nach dem Einfüllen wird der erste Probelauf mit den Pumpen durchgeführt. Anfangs spritzt das Wasser aus den kleinen Schläuchen noch stark heraus, doch sind die Wurzeln erst einmal mit Moos bedeckt, so wird der Wasserlauf gebrochen und das Wasser verteilt sich sehr schön über die gesamte Moosfläche.

Bei diesem 60 cm-Aquarium wurden die beiden links und rechts stehenden großen Wurzeln mit einer Brücke verbunden. Diese Brücke erinnert an die spektakulären Felsbögen in Colorado USA. Bepflanzt werden solche Felsplateaus am besten mit Moos, doch können auch einzelne, dominante Pflanzen oder Bäumchen diesem Felsbogen ein dramatisches Aussehen verleihen. Es ist allerdings fast unmöglich, auf diesen Plateaus Sand aufzubringen und deshalb müssen Pflanzen ausgewählt werden, die lediglich einen geringen Nährstoffbedarf aus dem Boden benötigen.

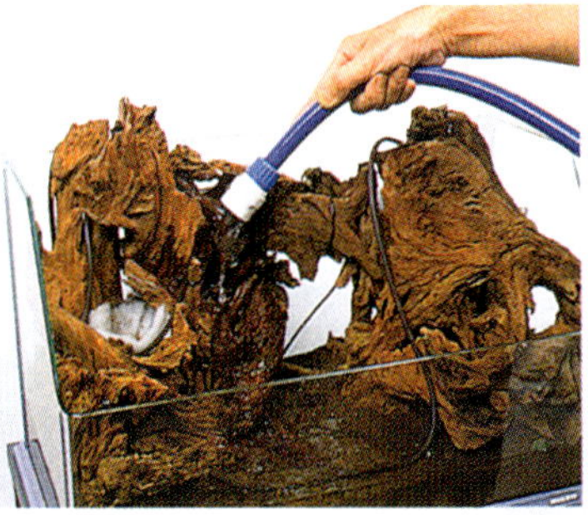

Wassereinlauf über die Wurzeln.

Nach dem Auffüllen wird ein erster Probelauf mit den Wasserpumpen durchgeführt.

Das Bepflanzen

Erster Gesamteindruck ohne Einpflanzung.

Abdecken mit Sand.

Beschneiden der Wurzeln.

Abgeschlossene Bepflanzung vor dem Einsatz des Mooses.

Beschneiden der Pflanzen.

Die Schönheit des Aquariums hängt stark vom Schönheitsempfinden des Besitzers ab. Dieses Schönheitsgefühl beeinflußt auch die Auswahl der Landpflanzen und wenn Sie sich für die Hauptpflanzen entschieden haben, können Sie mit dem Einsetzen dieser beginnen. Bei diesem Aquarienbeispiel sind zwei gleichwertige Schwerpunkte zu setzen, da das Aquarium durch die Brücke in zwei gleiche Teile geteilt wird. Zuerst werden die Koniferen eingesetzt, denn sie sind schließlich auch die imposantesten Pflanzen bei dieser Kombination. Da hier alle Pflanzen grün sind, muß eine Abstufung in den Intensitäten des Grüns versucht werden, damit der Gesamteindruck nicht zu langweilig wird. Auch die verschiedenen Höhenunterschiede bewirken einen interessanten Eindruck beim Betrachter.

Aufbringen der ersten Mooslage.

Riccia fluitans wird auf die erste Moosschicht aufgebracht.

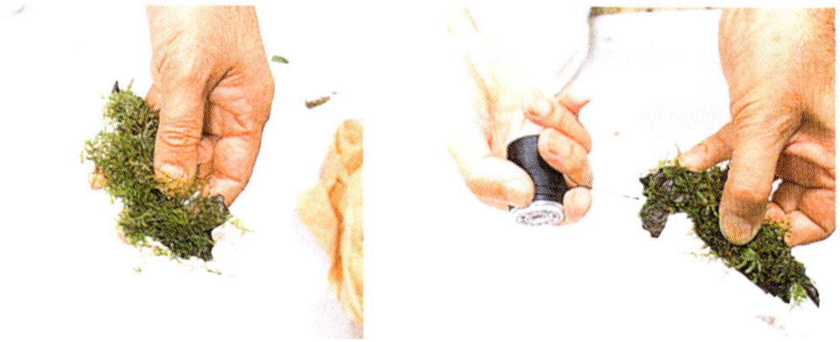

Moosbüschel vorbereiten, auf die Wurzel setzen und mit Hilfe des Wollgarns auf dem Wurzelstock gut befestigen und dann ins Wasser legen.

Alle Wurzelstöcke sind mit Moos fertig bezogen.

Bepflanzung mit Moos

Dem Moos kommt eine große Bedeutung als Wasserspeicher zu und bei diesem Aquarienbeispiel wurde das Javamoos, *Vesicularia dubyana*, für die Randbepflanzung zwischen Wasserspiegel und Landteil ausgewählt. Da das Moos teilweise im Wasser wächst, muß es unbedingt an den Wurzeln festgebunden werden. Hierzu wird am besten ein starker Bindfaden benutzt. Übrigens gibt es im Fachhandel bereits fertig bewachsene Wurzelstücke zu kaufen, dies erleichtert Ihre Arbeit sehr. Auch der Landteil ist wieder stark mit Moos zu bedecken und dieses wird zwischen den Wurzelstöcken befestigt. Wie immer ist auch hier für eine gute Bewässerung durch die einzelnen Wasserschläuche zu sorgen.

Von Höhlen geht auf den Menschen immer ein besonderer Reiz aus und deshalb werden beim Bonsai-Aquarium gerne kleine Höhlen nachgebildet. Da der Mensch aber immer neugierig ist und sehen will was sich in der Höhle verbirgt, ist es besonders reizvoll, wenn beispielsweise vor der Höhle ein Wasserfall hinabstürzt oder einige Blätter die Einsicht verhindern. In der linken Wurzelhälfte befindet sich ein größerer Wasserfall, der vor einer solchen Höhle hinabstürzt und dies ist doch sehr attraktiv. Machen Sie sich also wirklich Gedanken, wie Sie mehr Spannung in Ihre Landschaft bringen können. Auch der Einsatz von einigen bizarren Steinen ist immer sehr interessant. Sie sollten also unbedingt über einen Einbau von geformten Steinen nachdenken.

Dichtes Bepflanzen gelingt am besten mit einer Pflanzpinzette.

Das Pflanzsubstrat und die Ummantelung sind zu entfernen.

Einblick in das fertig bepflanzte Aquarium.

Von oben betrachtet sieht ein Bonsai-Aquarium ganz anders aus als wenn Sie es direkt von vorne sehen.

Der Wasserteil

Da die Wurzelstöcke einen Großteil des Wasserteils bedecken, sind dem Einpflanzen von Wasserpflanzen Grenzen gesetzt. Nur wenige Wasserpflanzen finden in den Bonsai-Aquarien Platz. Machen Sie nicht den Fehler und beginnen zuerst mit dem Bepflanzen des Wasserteils, denn dies würde Ihr Empfinden beim späteren Bepflanzen des Landteils zu stark beeinflussen. Die Wasserpflanzenauswahl muß sich auf kleinbleibende Arten beschränken, die zudem kein allzu großes Lichtbedürfnis haben, da ein Großteil des Wasserteils von den überstehenden Landpflanzen abgeschattet wird.

Die Wasserpflanzen dürfen nicht über die Wasseroberfläche herauswachsen, da sie sonst die Stimmung der Landschaft über dem Wasserspiegel beeinträchtigen würden. Beachten Sie also bei der Auswahl im Vorfeld bereits die mögliche Wuchshöhe und ob die Pflanzen dazu neigen, aus dem Wasser zu wachsen und Blüten zu bilden. Gut geeignet als Wasserpflanzen sind: Zwergamazonas-Schwertpflanzen, kleine *Anubias*-Arten und kleiner bleibende Wasserkelche. Die Pflanzen werden vom Handel meist mit Kunststoffmatten umwickelt geliefert. Diese müssen vor dem Einpflanzen unbedingt restlos entfernt werden.

Moos nach zwei Wochen.

Moos nach drei Wochen.

Moos nach vier Wochen.

Wie Sie sehen, kann selbst ein so kleines Aquarium mit 60 cm Länge ein ganz toller Einrichtungsgegenstand für Ihr Wohnzimmer sein.

1. *Ficus pumila* 2. Konifere „Silverstar“ 3. *Helichrysum bracteatum* 4. *Ilex aquifolium* 5. Konifere „Boulevard“ 6. *Hedera helix.* 7. *Euonymus japonicus* 8. Konifere 9. *Ceropegia woodii* 10. *Selaginella involvens* 11.+12. *Selaginella* spp.

Die Fertigstellung

Das Bonsai-Aquarium benötigt nach der kompletten Bepflanzung erst einmal einige Wochen Zeit, damit sich die Pflanzen an die neuen Lichtverhältnisse gewöhnen können. Die Pflanzen müssen beginnen Wurzeln zu bilden und neue Blätter und Triebe auszutreiben. Starken Veränderungen unterliegt auch der Wasserteil, denn hier laufen gewaltige chemische Veränderungen ab, die für die zu früh eingesetzten Fische erhebliche Probleme auslösen würden. Durch die Wurzeln werden größere Mengen von Huminstoffen freigesetzt, die vor dem Einsetzen der Fische möglichst wieder zu entfernen sind, was bedeutet, daß unbedingt ein größerer und ein kleinerer Teilwasserwechsel innerhalb der ersten vier Wochen vorgenommen werden müssen. Erst dann dürfen die Fische eingesetzt werden. Wie auf den drei kleinen Bildern zu sehen ist, braucht das Moos auch mindestens vier Wochen Zeit, bis es richtig angewachsen ist und beginnt sein Volumen erheblich zu vergrößern. Voraussetzung ist dabei immer eine gute Bewässerung und eventuell müssen Sie während der ersten Wochen einen Wasserschlauch nochmals lösen und neu verlegen, damit das Wasser jetzt an der richtigen Stelle austritt und das Moos gut bewässert.

Die Materialien

Die bizarren Mangroven-Wurzeln sind die wichtigsten Einrichtungsgegenstände für unser Bonsai-Aquarium. Vereinzelt können auch Steine eingebaut werden. Suchen Sie sich einen Zoohändler mit großer Wurzelauswahl und stellen Sie sich Ihren Aufbau direkt im Geschäft zusammen.

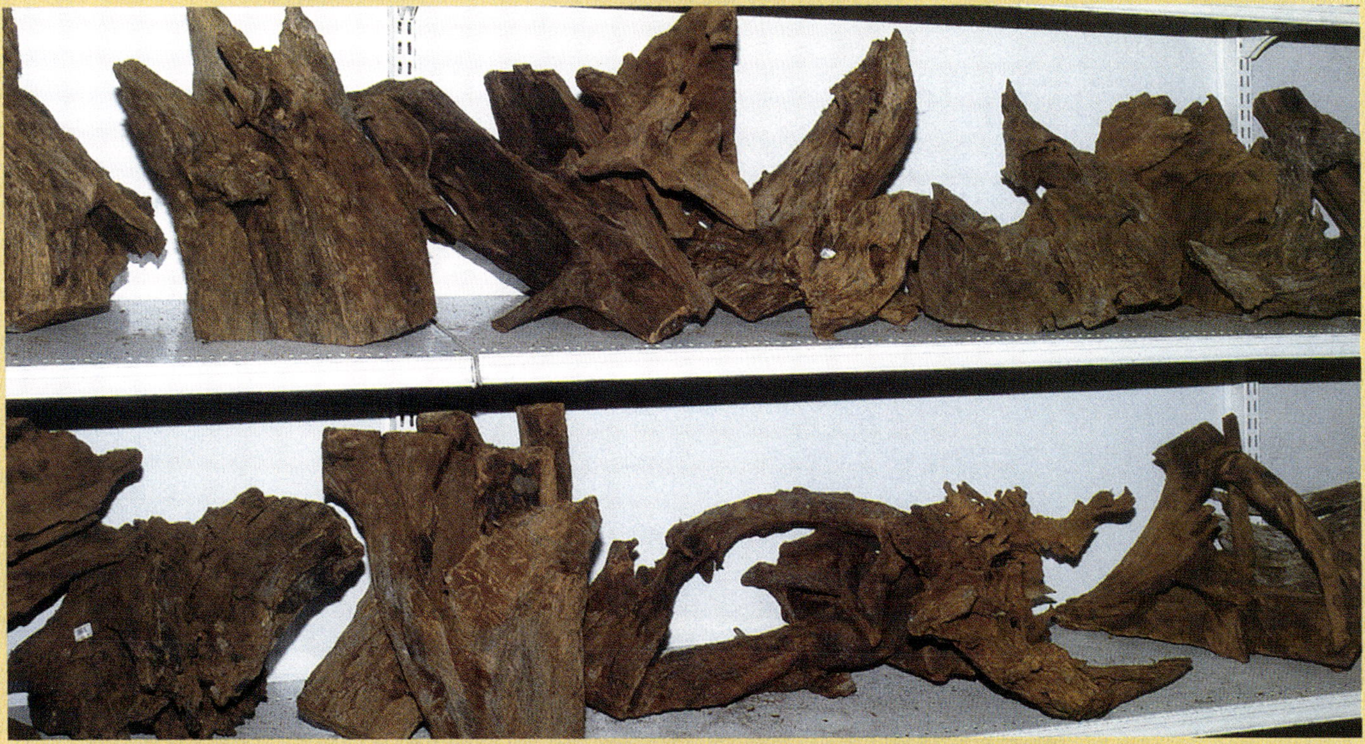

Landpflanzen

Die Landpflanzen wählen Sie nach Ihrem persönlichen Geschmack aus, wobei ein echter Bonsai-Baum besonders dekorativ in die Landschaft eingebaut werden kann. Vielleicht gönnen Sie sich ja sogar zwei solcher Bonsai-Bäume. Bei der Auswahl der Pflanzen achten Sie auf eine farbliche Abstimmung, so daß der Pflanzenaufbau im Aquarium interessanter für den Betrachter erscheint.

Das Aquarium

Ein schönes Aquarium mit Untergestell ist Voraussetzung für ein dekoratives Bonsai-Aquarium. Hier sehen Sie ein typisches japanisches Glasaquarium mit einem angewinkelten Ausschnitt. Dieser Ausschnitt macht dieses Aquarium außerordentlich interessant, jedoch ist es momentan schwierig, in Europa ein solches Aquarium zu kaufen. Die Lichtabdeckung stammt ebenfalls aus Japan, jedoch ist eine Hängeleuchte europäischer Produktion noch besser geeignet, sie kann freischwebend über dem Aquarium plaziert werden und stört beim Hantieren im Aquarium nur wenig. Die Positionierung des Aquariums ist am besten in Augenhöhe, wenn man vor dem Aquarium sitzt. Dies erfordert einen Unterschrank mit 60 bis 80 cm Höhe. Bei uns gibt es zahlreiche herrliche Aquarienkombinationen in den verschiedensten Holzausführungen, so daß für jeden Geschmack das passende Aquarium mit Unterschrank gefunden werden kann. Ein kleiner Nachteil des schönen, vorne offenen Aquariums ist, daß immer wieder ein Wasserspritzer auf den Fußboden vor dem Aquarium gelangt. Dies läßt sich kaum vermeiden. Bei einem vorne geschlossenen Aquarium entfällt dieses Problem.

DIE TECHNIK

Betrachten wir einmal ein Bonsai-Aquarium von hinten. Auffallend sind die vielen Wasserschläuche. Von einer Pumpe gehen acht kleine Schläuche ab, die im gesamten Aquarium verteilt werden und dort für eine gleichmäßige Wasserverteilung sorgen. Bei größeren Aquarien ist es sehr günstig, zwei Motorpumpen mit je acht

Wasserschläuchen einzusetzen, doch dies ist wirklich erst ab einer Aquariengröße von 1,20 Metern notwendig. Je nach Grösse des Aquariums wird eine zweite oder dritte Pumpe für die Wasserfälle benutzt. Sehr gut ist dies auf dem unteren Foto zu erkennen. In den Hohlräumen hinter den Mangrovenwurzeln lassen sich die Pumpen sehr gut verstecken, aber auch der Thermo-statheizer und sonstige Schläuche und Kabel verschwinden schnell in diesem

Wurzelgewirr. Auf diesen Bildern ist auch gut zu erkennen, daß die Pumpen wegen des niedrigen Wasserstands nicht allzuviel Arbeitsspielraum besitzen, was das Ansaugen von Wasser angeht. Der Maximal- und Minimalwasserstand im Aquarium ist deshalb am besten außen am Aquarium seitlich zu markieren. Ein regelmäßiges Nachfüllen mit Frischwasser ist erforderlich.

Die Wasserverteilung

Der Verteilerfinger mit den acht Schlauchanschlüssen wird auf die Pumpe gesteckt und von dort können die Schläuche entlang der Wurzeln geführt werden. Eine Befestigung der Schläuche geschieht durch U-förmige kleine Nägel. Für den Wasserfall wird ein stärkeres Auslaufrohr benutzt. Die Regelheizer sorgen für eine konstante Wassertemperatur, jedoch sollte diese nicht zu hoch gewählt werden, da sonst das Wasser zu schnell verdunstet.

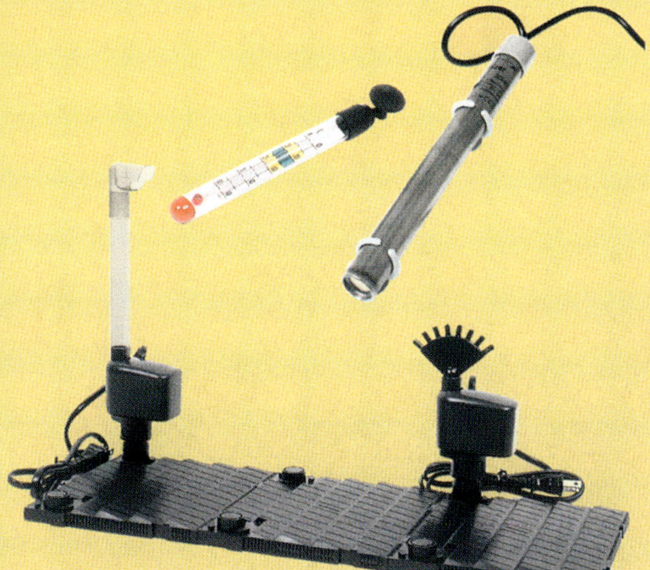

Der Sand

Der Spezial-Sand mit einer Beimischung von Vulkanasche ist pH-Wert-stabilisierend, da spezielle Alkalisalze eingemischt wurden. Im Laufe der Zeit verdichtet sich dieser Sand und dann halten auch die Pflanzenwurzeln besser in diesem Untergrund. Im Gegensatz zu den aus Ton gebrannten Erdkugeln, ist dieser Spezial-Sand weich und löst sich über die Jahre langsam auf. Dieses Verdichten ist jedoch gewünscht, da es gleichzeitig die Filterwirkung erhöht. Die Standzeit für Bonsai-Aquarien mit diesem Bodengrund beträgt mindestens zwei Jahre.

Die Beleuchtung

In Japan sind Aufsteckleuchten, die direkt auf das Aquarienglas gesteckt werden, sehr beliebt und verbreitet. Diese Art der Beleuchtung ist in Europa völlig unbekannt. In diesem Buch sehen Sie ausschließlich die japanischen Leuchten im Einsatz. Für den Nachbau eines Bonsai-Aquariums ist es jedoch problemlos möglich, unsere im Handel

erhältlichen Leuchten zu verwenden und bei Gesprächen mit den beiden Autoren wurde von diesen zugegeben, daß Hängeleuchten über dem Aquarium eigentlich die viel bessere Möglichkeit der Beleuchtung darstellt. Im Bereich der Hängeleuchten hat Ihr Fachhändler sicherlich eine große Auswahl verschiedenster Leuchtenkörper parat und außerdem können Sie auf Bestellung fast jede Farbe bekommen, so daß Sie sich die passende Leuchte für Ihr Wohnzimmer aussuchen können. Für kleinere Aquarien eignen sich auch kegel- oder kugelförmige Hängeleuchten.

Werden diese 30 bis 40 cm über dem Bonsai-Aquarium angebracht, leuchten die Hängeleuchten mühelos ein Aquarium mit 60 bis 80 cm aus. Für größere Aquarien verwenden Sie dann einfach entsprechend lange Hängeleuchten, wie auf nebenstehender Abbildung gezeigt wird. Diese Leuchten gibt es mit Kupplungssystemen inzwischen in jeder Länge, so daß hier keine Beschränkung entsteht. Hängleuchten haben den großen Vorteil, daß die Landpflanzen im Bonsai-Aquarium ohne Störung durch die Leuchte nach oben wachsen können. Bei den japanischen Leuchten auf dem Aquarium ist eine Beschränkung gegeben. Die Japaner verwenden fast immer drei Leuchtstoffröhren und diese riesige Lichtmenge garantiert bestes Pflanzenwachstum. Hängeleuchten mit Röhren oder HQL- oder HQI-Lichteinheiten garantieren selbstverständlich ebenfalls ein perfektes Wachstum. Wegen der gewünschten Lichtfarbe schauen Sie sich am besten in einem gut sortierten Fachgeschäft um und lassen sich dabei im praktischen Einsatz der Leuchten beraten.

TÄGLICHE PFLEGE

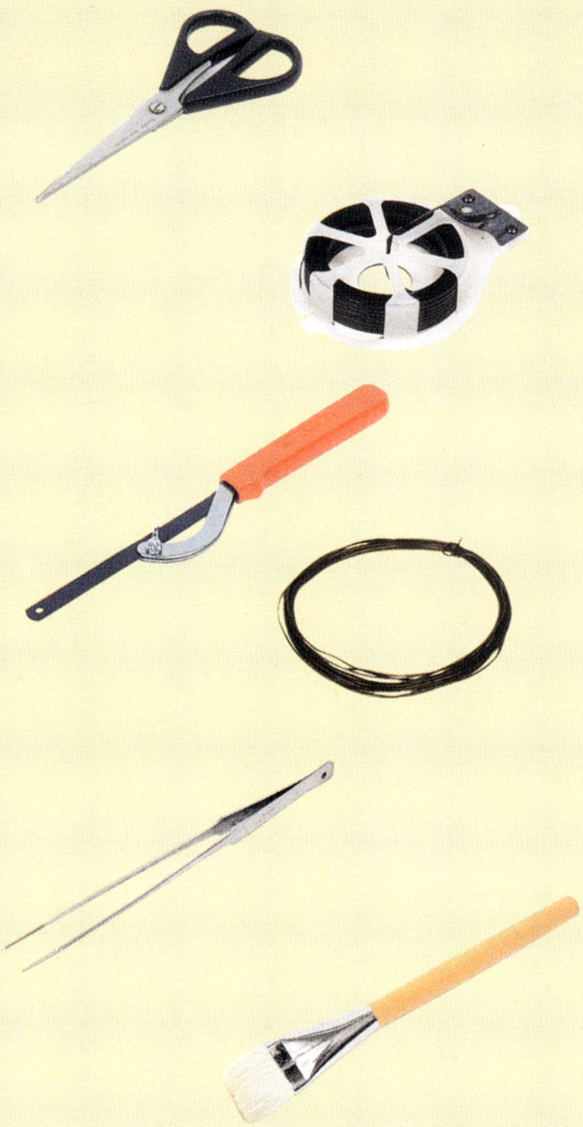

Viele Werkzeuge werden nicht benötigt, um ein Bonsai-Aquarium zu gestalten, doch eine Schere zum Beschneiden der Wurzeln und Pflanzen ist immer wichtig. Die Rolle mit Draht hilft, die Wasserschläuche zu verlegen und die Säge, die Wurzeln passend zu machen. Der Binde-Draht kann auch für das Aufbinden von Moos oder anderen Pflanzen auf die Wurzelstöcke verwendet werden. Mit der Pinzette lassen sich schwierige Greifarbeiten erledigen und mit dem Pinsel kann man allerhand Schmutz einfach abbürsten.

Regelmäßig müssen schnellwüchsige Pflanzen mit der Schere beschnitten werden, denn sonst verwuchert der Bestand zu schnell und das Aquarium wird unansehlich. Gerade bei den Bonsai-Bäumen ist es ja üblich, immer wieder die Blätter stark zu beschneiden, damit diese immer kleiner werden. Diese Technik können Sie im Prinzip auch bei diesen Landpflanzen anwenden.
Die Pflanzlöcher können mit den Fingern geprüft werden, ob sie zu feucht oder zu trocken sind. Eine Regulierung kann durch die Verlegung der Schläuche oder eine Reduzierung des Wasserdrucks im jeweiligen Schlauchs mit Hilfe von kleinen Schlauchklemmen vorgenommen werden.

Tägliche Pflege

Bei der Vielfalt der verwendeten Pflanzen, kommt es immer wieder vor, daß Blätter absterben oder Pflanzenteile unschön aussehen. Die Blätter werden entfernt und unschöne Teile mit der Schere abgeschnitten. Eigentlich sind diese Arbeiten identisch mit denen im normalen Pflanzenaquarium, denn dort müssen Sie ja auch von Zeit zu Zeit die Pflanzen auslichten. Auf dem Landteil werden sich einige Pflanzen stärker ausbreiten als andere, diese bedrängen und in ihrem Wachstum erheblich beeinträchtigen. Hier müssen Sie regulierend eingreifen und dies geschieht meist mit Hilfe einer Schere. Scheuen Sie sich also nicht, die Pflanzen immer wieder kräftig zurückzuschneiden. Selbstverständlich bedarf der Wasserteil mit seinen Pflanzen auch einer aufmerksamen Pflege, denn auch hier werden die Pflanzen zu wuchern beginnen, wenn das Aquarium intakt ist. Pflanzen Sie also anfangs nicht zu viele Wasserpflanzen ein, denn im funktionierenden Wasserteil, der durch den Landteil mitbeeinflußt wird, wachsen die Pflanzen sicherlich sehr gut.

Land- und Wasserpflanzen für das Bonsai-Aquarium

Auf den folgenden Seiten sehen Sie eine Vielzahl von geeigneten Pflanzen für den Land- und Wasserteil des Bonsai-Aquariums. Viele der Landpflanzen werden Ihnen aus dem Garten oder Ihrem Wohnzimmer bekannt vorkommen. Betrachten Sie deshalb Ihr Bonsai-Aquarium als Mini-Garten, der diese Bepflanzung auch widerspiegelt. Da einige der Zypressen- und Koniferen-Arten für unser Bonsai-Aquarium zu groß werden können, müssen Sie schon im Vorfeld möglichst kleine Pflanzen beim Kauf auswählen. Es empfiehlt sich dann während der Wachstumsperiode diese Pflanzen immer wieder mit einer Schere zu beschneiden. Vielleicht kaufen Sie sich zusätzlich ein kleines Buch über die Behandlung von Bonsai-Bäumen, denn hier bekommen Sie zusätzliche Ratschläge, wie man solche Gewächse klein halten kann. Der kräftige Schnitt zur richtigen Zeit sorgt dafür, daß Sie diese Mini-Bäumchen lange Zeit in Ihrem Aquarium pflegen können. Notfalls müssen Sie den einen oder anderen Baum durch einen kleineren ersetzen. Die Aquarienpflanzen sind so auszuwählen, daß im Vordergrund kleiner bleibende Arten eingesetzt werden und nur vereinzelt sollten mittelwüchsige Pflanzen verwendet werden.

Cypressus macrocarpa „Goldcrest"
Herkunft: Kalifornien
Typische Konifere mit ins goldgelbe gehende Blättern. In Gartencentern gibt es hiervon eine große Auswahl.
Hohes Lichtbedürfnis.

Chamaecyparis lawsoniana „Goldstar"
Herkunft: Zuchtform
Gelbgrüne Blätter, bildet eine leicht konische Wuchsform. Benötigt sehr viel Wasser.
Hohes Lichtbedürfnis.

Chamaecyparis lawsoniana „Silverstar"
Herkunft: Zuchtform
Konische Wuchsform mit kräftig grünen Blättern, die teils in bläuliche tendieren. Muß in kleinen Größen erworben werden.
Hohes Lichtbedürfnis.

Chamaecyparis var. „Boulevard"
Herkunft: Zuchtform
Diese Koniferen-Art wächst mehr in die Breite und ist deshalb sehr gut für das Bonsai-Aquarium geeignet. Eine Kombination mit anderen Koniferen ist optisch günstig.

***Selaginella* spp.**
Herkunft: Zuchtform
Sehr schöne Farnart, welche die feinen Blätter in die Breite verteilt. Bevorzugt Schattenplätze mit höherer Feuchtigkeit und ist deshalb ideal für Bonsai-Aquarien.

Thuja occidentalis var. „Rheingold"
Herkunft: Zuchtform
Interessante Koniferen-Art mit hellgrünen Blättern und gold-gelben Blattspitzen. Bringt interessante Farbkombination ins Aquarium.
Wächst langsam.

***Selaginella* spp.**
Herkunft: Zuchtform
Von diesen Farn-Arten gibt es zahlreiche Variationen im Fachhandel und alle sind gut geeignet, wenn sie ein Schattenplatz mit hoher Feuchtigkeit bekommen.

Selaginella tamariscina
Herkunft: Japan, Südostasien
Es gibt auch zahlreiche Zuchtformen. Sehr dekorativ auf Steinen oder Holz aufgebunden mit wenig Bodensubstrat. Hohe Lichtbedürfnis.

Calluna vulgaris
Herkunft: Europa, Nordamerika
Sehr unempfindliche Pflanze, die gut den Eindruck einer Gebirgslandschaft vermitteln kann. Wünscht keine zu hohen Temperaturen.

***Fittonia verschaffeltii* var.**
Herkunft: Peru
Bevorzugt schattigen Platz mit hoher Luftfeuchtigkeit und Temperaturen um 20 °C. Sehr dekorative Blätter mit roten und weißen Blattnerven geschmückt.

Hypoestes phyllostachya
Herkunft: Madagaskar
Im Handel mit zahlreichen Farbvarianten und unterschiedlich großen Blattpunkten. Sehr gute Abwechslung zu grünen Pflanzen. Hohes Lichtbedürfnis.

***Fittonia verschaffeltii* var.**
Herkunft: Peru
Hier die rote Variante mit den gleichen Pflegebedürfnissen. Sehr dekorativ durch die auffälligen Blätter.

Hedera helix
Herkunft: Nordafrika, Europa, Asien
Immergrünes Efeu in zahlreichen Varianten auf dem Markt. Teilweise schöne Blattzeichnung. Gut haltbar, kleinblättrige Sorten bevorzugen.

Fittonia microcarpa
Herkunft: Indien, Südostasien
In Japan sehr beliebte Gummibaum-Art. Interessante Wurzelform. Erinnert an Bonsai-Bäume, kann beschnitten werden. Bevorzugt schattige Lage.

Ficus pumila
Herkunft: Japan, Asien
Immergrüner Strauch mit lederartigen Blättern. Ideale Kletterpflanze für Bonsai-Aquarien.

Peperomia caperata
Herkunft: Südamerika
Zwergpfeffer-Art mit riesiger Formen- und Farbenvielfalt. Sehr beliebte Zimmerpflanze mit fleischigen Blättern.

***Peperomia* spp.**
Herkunft: Südamerika
Zwergpfeffer-Arten bevorzugen eine trockenere Umgebung und leicht schattige Plätze. Durch ihre Formenvielfalt sind sie ideal im Bonsai-Aquarium einzusetzen.

Pilea cadierei
Herkunft: Vietnam
Bevorzugt Schattenplatz mit guter Feuchtigkeit. Vermehrung durch Stecklinge ist sehr einfach, jedoch sind buschige Jungpflanzen wesentlich schöner.

„Korallenmoos“
Herkunft: Europa
Schöne Moos-Art mit feinen Blättern, die Wuchsfläche teppichartig überzieht. „Korallenmoos“ gibt es auch mit feuerroten Fruchtständen.

Dracaena saderiana
Herkunft: Tropische Länder
In zahlreichen Variationen im Handel mit den verschiedensten Blattfarben. Drachenbäume wachsen sehr stark und bevorzugen helle Standorte.

***Dieffenbachia* spp.**
Herkunft: Amerika
Immergrüne Zimmerpflanze mit hübsch gezeichneten Blättern. Bevorzugt helle und feuchtwarme Standorte, verliert oft die unteren Blätter.

***Alocasia* spp.**
Herkunft: Zuchtform
Bevorzugt höhere Temperaturen und hohe Luftfeuchtigkeit. Gut geeignet, wird jedoch unter idealen Bedingungen sehr groß. Schattenplatz bevorzugt.

Philodendron scandens
Herkunft: Mexiko
Pflegeleichte Kletterpflanze, die jedoch ohne Kletterhilfe eine schöne Ampelpflanze ist. Halbschattige warme Standorte mit hoher Luftfeuchtigkeit bevorzugt.

***Spathiphyllum* spp.**
Herkunft: Tropisches Amerika und Asien
Immergrüne Zimmerpflanze, die hellen feucht-warmen Standort bevorzugt. Kann hübsche Blüten entwickeln.

Syngonium podophyllum
Herkunft: Zentralamerika
Hybridenform mit interessanter Blattzeichnung, ist eine Bereicherung für das Aquarium. Bevorzugt feuchten und warmen Standort.

Cryptanthus bivittatus
Herkunft: Brasilien
Tillandsie mit kleinbleibenden Blättern von etwa 10 cm Länge. Darf nicht zu feucht stehen. Attraktive Färbung und deshalb gute Kontrastpflanze.

Vriesea carinata
Herkunft: Brasilien
Grünblättrige Pflanze mit attraktiven Blüten. Im Handel sind zahlreiche Hybridenformen. Benötigt viel Licht und Wärme, jedoch nur mäßig Feuchtigkeit.

Zebrina pendula
Herkunft: Brasilien
Gut haltbare Zimmerpflanze mit buntem Blattschmuck. Hell bis halbschattig warm in guter Pflanzerde.

Cyperus altenifolius
Herkunft: Madagaskar
Zypergras ist eine ausdauernde Zimmerpflanze mit grazilen Blättern. Wächst in der Natur an Flußufern, deshalb als aus dem Wasser wachsende Pflanze geeignet.

Asparagus densiflorus
Herkunft: Südafrika
Zierspargel, heller bis halbschattiger Standort, wuchert sehr stark und muß deshalb geschnitten werden. Zahlreiche Varianten im Fachhandel.

Chlorophytum bichetii
Herkunft: Südafrika
Sehr dankbare Zimmerpflanze, die jeder kennt. In Europa wird meist *C. variegatum* angeboten. Ausläufer bilden zahlreiche Jungpflanzen, die problemlos eingepflanzt werden können.

Chamaedorea elegans
Herkunft: Süd- und Mittelamerika
Bergpalmen sind sehr beliebte Zimmerpflanzen und die kleinbleibenden Arten können im Bonsai-Aquarium gepflegt werden. Halbschatten mit guter Wasserversorgung ist ideal.

Ceropegia woodii
Herkunft: Afrika, Asien, Australien
Attraktive Hängepflanze mit herzförmigen Blättern. Zahlreiche Farbvariationen sind im Handel. Bei starker Ausbreitung entsprechend zurückschneiden.

Lemmaphyllum microphyllum
Herkunft: Japan
Gehört zur Familie der Farne und bevorzugt schattige Lage. Wächst gut auf Felsen und Wurzeln und ist deshalb eine ideale Pflanze für unser Bonsai-Aquarium.

***Adiantum* spp.**
Herkunft: Gemäßigte Tropen
Bevorzugt feuchte, schattige Standorte wie fast alle Farn-Arten. Einfache Vermehrung durch Teilung der Pflanze.
Zahlreiche Farbvarianten im Handel.

Selaginella involvens
Herkunft: Japan, Asien
Typischer Bodendecker aus den tropischen Regenwäldern mit kurioser Belaubung. Ideal als Deckpflanze einzusetzen. Bevorzugt Wärme und Halbschatten.

Chinesischer Farn
Herkunft: südliches China
Dieser Farn wächst sehr gut auf Steinen und Wurzeln. Die weißlichen Wurzeln wachsen unter der Pflanze hervor und setzen einen kräftigen Farbakzent.

Pedilanthus tithymaloides
Herkunft: Zentralamerika
Über 300 Arten sind bekannt. Die kurzen Stengel werden relativ kräftig und dick. Benötigt sehr viel Licht und sollte deshalb ins Zentrum gepflanzt werden.

Duranta erecta
Herkunft: Zuchtform
Immergrüne Pflanze mit hellen Blättern, die allerdings kälteempfindlich ist. Bevorzugt feuchte Umgebung und wächst sehr schnell, deshalb ist ein häufiges zurückschneiden erforderlich.

Artemisia schmidtiana
Herkunft: Japan
Sehr schöne Pflanze mit schmalen silbrigen Blättern. Sehr beliebt für japanische Bonsai-Aquarien, verträgt jedoch keine hohe Luftfeuchtigkeit.

Ilex aquifolium
Herkunft: China
Bekommt rote Früchte und wird in der Weihnachtszeit als Dekoration eingesetzt. Sehr widerstandsfähig und anspruchslos.

Euonymus japonicus
Herkunft: Japan
Spindelstrauch-Arten werden im Garten als Kriechpflanzen eingesetzt. Regelmäßiges Rückschneiden erforderlich, benötigt Feuchtigkeit.

Ardisia japonica
Herkunft: Japan
Trägt während des Winterhalbjahres kleine rote Früchte und ist als Dekorpflanze sehr beliebt. Benötigt Halbschatten und Feuchtigkeit.

Helichrysum bracteatum
Herkunft: Australien
Die silbrigen Blätter besitzen weiße Härchen und die Pflanze bevorzugt einen trockenen Platz. Nicht kälteempfindlich.

Scutellaria indica
Herkunft: weltweit verbreitet
Fast runde Blätter mit feinen weißen Haaren. Kann nur als Akzent im Bonsai-Aquarium eingesetzt werden. Ist unempfindlich und benötigt wenig Licht.

Ophiopogon japonicus
Herkunft: Südostasien
Immergrüne Blätter. Im Sommer kann es zur Bildung von weißen Blütentrauben kommen. Sehr anspruchslos gegenüber Temperatur und Standort. Bevorzugt Feuchtigkeit.

Acorus gramineus
Herkunft: Japan, China
Wird auch als Aquarienpflanze angeboten, wächst jedoch im Wasser schlecht, besser an feuchter Stelle im Bonsai-Aquarium aufbinden. Wächst sehr langsam.

Acer spp.
Herkunft: Japan
Verkörperung des typischen japanischen Bonsai-Baums, den Sie sich in Mini-Größe besorgen sollten. Sehr widerstandsfähige Ahorn-Art.

Miniatur-Bonsai
Japan ist für seine kleinen Bonsai-Bäume weltbekannt und selbstverständlich sollte zumindest ein echter Bonsai-Baum in unser Aquarium eingepflanzt werden. Die hier gezeigten Bäumchen sind gut für diesen Zweck geeignet und in einschlägigen Fachgeschäften finden Sie eine große Auswahl, wobei Sie darauf achten sollten, einen Zimmer-Bonsai zu kaufen, da echte Bonsai-Bäume im Freien gehalten werden.

Acer spp.
Herkunft: Japan
Ebenfalls widerstandsfähige Ahorn-Art, die durch den Wechsel der Blattfarben im Herbst besonders attraktiv ist.

Hygrophila polysperma, Indischer Wasserfreund
Diese anspruchslose und gut wüchsige Wasserpflanze ist ideal für die Erstbepflanzung des Wasserteils im Bonsai-Aquarium geeignet, weil sie aufgrund ihres guten Wachstums viele Nährstoffe verbraucht und so bereits in der Anfangsphase das Algenwachstum einschränkt.

Rotala rotundifolia, Rundblättrige *Rotala*
Die etwas lichtbedürftige Pflanze kann, je nach eingesetzter Stengellänge für alle Aquarienbereiche eingeplant werden. Um eine Rotfärbung der Sproßspitzen zu erzielen sind eine intensive Beleuchtung sowie eine gute Wasserpflanzendüngung erforderlich.

Ludwigia palustris X repens, Bastardludwigie
Diese robuste Kreuzung ist vielfältig im Hydroterrarium einsetzbar. Bei dieser Form handelt es sich um eine der wenigen Aquarienpflanzen mit roten Blättern, die relativ anspruchslos sind. Dadurch kommt sie auch mit etwas weniger Licht aus.

Hemianthus micranthemoides, Zierlisches Perlenkraut
Diese lichthungrige, aber darüberhinaus wenig anspruchsvolle nordamerikanische Pflanze ist – bei regelmäßiger Einkürzung – für den Vordergrund sowie für den Mittelbereich sehr gut geeignet.

Didiplis diandra, Amerikanische Wasserhecke
Dies ist eine zartblättrige Sumpfpflanze, die sich bei kräftiger Beleuchtung jedoch auch gut unter Wasser pflegen läßt. Durch Sproßteilung kann ein umfangreicher Bestand gezogen werden. Die Wasserhecke ist vor allem für die mitteleren Aquarienbereiche geeignet.

Echinodorus quadricostatus, Zwergschwertpflanze
Als relativ klein bleibende Pflanze ist diese Art in kleinen Bonsai-Aquarien für den Mittelbereich und in großen für den Vordergrund hervorragend geeignet, eine intensiver Beleuchtung ist allerdings Voraussetzung.

Echinodorus tenellus, Zarte Schwertpflanze
Bei dieser lichthungrigen Schwertpflanze handelt es sich um eine bewährte Vordergrundpflanze. Die kleinbleibende Art ist etwas lichtbedürftig und benötigt eine angemessene Düngung für ihren rasenartigen Wuchs.

Cryptocoryne wendtii, Wendts Wasserkelch
Dieser widerstandskräftige Wasserkelch kann je nach Wuchsgröße der jeweils unterschiedlichen Formen sowohl im Vordergrund als auch im Mittelbereich etwas schwächer beleuchteter Bonsai-Aquarien eingesetzt werden.

Blyxa auberti, Auberts Fadenkraut
Diese prächtige Wasserpflanze wird oft recht klein angeboten, so daß sie wie eine Vordergrundpflanze wirkt, sie ist aber recht großwüchsig und als Solitärpflanze einzuplanen. Leider sind ihre Blätter etwas brüchig.

Anubias barteri var. *nana*, Zwergspeerblatt
Diese schöne und langsamwüchsige Pflanze kommt mit relativ wenig Licht aus. Sie ist vielfältig einsetzbar, denn sie eignet sich sowohl als Aufwüchser auf Steinen oder Moorkienholz sowie als Vordergrundpflanze, wobei die Rhizome allerdings nicht im Boden versenkt werden dürfen.

Nymphaea lotus, Tigerlotus „grün"
Die in der Aquaristik beliebte Seerose braucht etwas pflege, damit sie im Aquarium schön bleibt. Die Schwimmblätter müssen frühzeitig abgetrennt werden, sobald sie zu erkennen sind, wodurch die Pflanze weitere Unterwasserblätter bildet.

Nymphaea lotus, Tigerlotus „rot"
Diese Farbvariante ist kaum lichtbedürftiger als die grüne Form. Auch bei ihr ist die Schwimmblattbildung einzuschränken, weil die Pflanze sonst unschön wird und das Bonsai-Aquarium zudem zu sehr beschattet wird, worunter die anderen Pflanzen leiden.

Sagittaria subulata var. *pusilla*, Zwergpfeilkraut
Diese schöne Pflanze bildet dichte mit der Zwergamazonas vergleichbare – rasenartige Bestände. Gegenüber der Landform verliert die Wasserform die breiten Blattspitzen und bildet lange bandförmige Blätter, die jedoch rosettig seitwärts wachsen und nicht direkt zur Oberfläche streben.

Microsorum pteropus, Javafarn
Der Javafarn ist eine besonders vielseitig einsetzbare Pflanze: als Aufwüchser auf Dekorationsgegenstände, als „Schattenpflanze" unter anderen großwüchsigen Solitätpflanzen oder als Hintergrundbegrünung.

Microsorum pteropus var. Windelov, Javafarn
Diese Zuchtform der Javafarns ist genauso zu pflege wie die Stammform. Der Windelov-Farn stellt keinerlei besondere Ansprüche, es ist jedoch darauf zu achten, daß die Beleuchtung nicht zu intensiv ist.

Eleocharis acicularis, Nadelsimse
Die Nadelsimse ist eine etwas schwierig einzugewöhnende Pflanze. Hat sie sich aber erst einmal im Aquarium akklimatisiert, so bildet sie – eine gut Beleuchtung vorausgesetzt – durch Ausläuferbildung schöne flächige Rasen.

Riccia fluitans, Flutendes Teichlebermoos
Als Aufwuchs auf Steinen oder Moorkienholz muß diese Schwimmpflanze zwar festgebunden werden, doch bildet sie aufgrund ihrer hellgrünen Farbe einen wunderschönen Kontrast zu dunkleren Pflanzen, der den nötigen Aufwand durchaus rechtfertigt.

Vesicularia dubyana, Javamoos
Als besonders anspruchslose Pflanze ist das Javamoos „das" Gestaltungselement im Bonsai-Aquarium überhaupt. Als amphibische Pflanze ist das Javamoos unter Wasser, im Uferbereich und an Land, bei hoher Luftfeuchte, problemlos zu kultivieren.

Das Javamoos kann als Aufwüchser mit etwas Faden an Holz oder Steinen befestigt werden, bis es von selbst festgewachsen ist. Dadurch ist es als Gestaltungselement ausgesprochen variabel und kann problemlos an anderer Stelle plaziert werden, falls eine Umgestaltung nötig wird. Das geringe Lichtbedürfnis der Mooses ist ein weiterer entscheidender Vorteil.

Da das Javamoos bei der im Bonsai-Aquarium üblichen intensiven Beleuchtung sehr schnell wächst ist es günstig, es mit Schwimmpflanzen zu beschatten. Ansonsten besteht das Risiko, daß das Moos zum Opfer von Algen wird.

Limnobium laevigatum, Südamerikanischer Froschbiß
Als Beispiel einer ausdauernden Schwimmpflanze soll hier der Froschbiß vorgestellt werden. Er verträgt große Lichtmengen und schattet so weniger lichtbedürftige Pflanzen ab.

VORBILD NATUR

VORBILD NATUR

In der japanischen Mentalität spielt die Natur eine bedeutende Rolle und dies drückt sich besonders in der Gartengestaltung deutlich aus. Die japanischen Gärten und die bei uns bestens bekannten Bonsai-Bäume sind typische Vorbilder für uns, wenn wir an Japan und japanische Kultur denken. Japan ist ein hochtechnisiertes Land und in Ballungszentren wie Tokyo, Osaka oder Yokohama ist die Natur sicherlich schon weit zurückgedrängt worden, und der Lebensraum der Menschen entspricht sicherlich nicht mehr den typischen traditionellen japanischen Werten. Doch versucht auch der mit der Technik stark verbunden lebende Japaner immer wieder aus dieser Technik auszubrechen und sich in seinem kleinen Heim, wenigstens ein winziges Stückchen Natur zu konservieren. Deshalb ist es für die Japaner wichtig, sich ein schönes Aquarium einzurichten, vielleicht einige Bonsai-Bäume zu pflegen und jetzt neuerdings ein Bonsai-Aquarium zu besitzen. So wird die Verbindung zur Natur und dem Naturgedanken wieder einigermaßen hergestellt. Die japanischen Gedankengänge zu verstehen oder gar nachvollziehen zu wollen ist äußerst schwierig, denn das Gefühl für Natur ist in Japan stark verwurzelt, widerspricht aber andererseits dem Erscheinungsbild des modernen Japaners. Geburt und Tod sind Symbole für Japaner, die das ganze Leben beherrschen. Die Japaner verstehen sich als Teil der Natur und wollen mit dieser in Einklang leben. Da Wasser für dieses Inselvolk eine riesige Bedeutung besitzt, kann sehr gut nachvollzogen werden, daß die Japaner einen delikaten Spürsinn für Wasser entwickelt haben. Sie wurden in den vergangenen Jahrhunderten immer wieder von Naturgewalten und insbesondere von Sturmfluten heimgesucht, so daß Wasser auch eine schrekkliche Bedeutung für Japaner haben kann. So werden Emotionen wach, wenn Wasser in irgendeiner Form ins Spiel kommt. Denken Sie

Wasserfall in Japan.

einmal an die weltberühmten Koiteiche mit den einzigartigen Farbkarpfen, die die Japaner in Perfektion pflegen und beherrschen. Auf diesen Seiten sehen Sie einige Fotos, welche die Schönheit der Natur widerspiegeln. Der Japaner ist in der Lage, diese Schönheit in der freien Natur zu entdecken und gedanklich umzusetzen. So gelingt es wirklich, Minilandschaften im häuslichen Bereich nachzubilden. Berühmte japanische Fotografen versuchen die Stimmung der Natur einzufangen und dem Betrachter auch zu vermitteln. Der kühle Windhauch oder der tosende Wasserfall kann in diesen Bildern richtig erfühlt werden. Solche Fotos sehen sehr einfach gestaltet aus,

Farne und Moos in der Natur.

Die Natur gibt uns die besten Einrichtungsbeispiele.

Diese Naturpflanzen könnten auch im Aquarium stehen.

doch sie sind sehr schwierig aufzunehmen, denn die Tiefenschärfe dieser Aufnahmen erfordert ein strenges Arbeiten und selbstverständlich muß der Fotograf diese Situation auf einem solchen Bild richtig erkennen und einschätzen können. Das Einrichten eines Bonsai-Aquariums entspricht etwa der Arbeit eines solchen Fotografen, denn Sie sollen bei Ihrem Bonsai-Aquarium die Natur einfangen und die frische Brise und das herabfallende Wasser in ein kleines Aquarium hineinproduzieren. Das ist die hohe Kunst des Bonsai-Aquariums.

Das Sonnenlicht verändert die Temperaturen und erzeugt Wind, Wasserverdunstung, Wolken und Regen. Das Wasser rauscht durch die Berge, Täler und bildet Wasserfälle, bevor es in die unendlichen Weiten der Weltmeere versinkt. Erst wenn wir diesen Kreislauf vor Augen haben, begreifen wir, daß wir nur ein kleines Teilchen im Räderwerk der Natur sind.

Schönheit existiert in der kurzen Periode zwischen Geburt und Tod. Deshalb ist es notwendig, die Schönheit der Natur zu erkennen und zu respektieren. Wenn es gelingt, sie in einem kleinen Aquarium nachzuvollziehen, so gut dies möglich ist, dann ist dies ein persönlicher Erfolg. Beachten Sie also zuerst einmal die Natur. Bevor Sie ein Bonsai-Aquarium einrichten, sollten Sie sich zu einem Spaziergang in einem Wald mit kleinen Bächen, umgestürzten Bäumen und verrottenden Wurzeln, bemoosten Steinen und sich im Winde wiegenden Farnen entschließen. Hier werden Sie die Natur fühlen, die Schönheit sehen und Gedanken mit nach Hause nehmen.

Bedeutung der Pflanzen

In einem Bonsai-Aquarium besitzt jede Pflanze eine besondere Bedeutung und natürlich auch eine gewisse Funktion im gesamten Aquarium. Die Pflanzen an der richtigen Stelle zu plazieren, ist schon als Aquarienkunst zu betrachten, doch neben der künstlerischen Gestaltung gibt es auch sehr lebenswichtige Gedanken bei dem Einpflanzen, denn wird die Pflanze an den falschen Ort gestellt, so kümmert sie vielleicht vor sich hin und stirbt ab.

Ein Bachlauf in Japan.

Blütenträume im Dschungel.

Wasser fasziniert immer.

Die kleine Welt der Fische

Für die Auswahl der Fische gibt es im Bonsai-Aquarium keine besonderen Regeln, und Sie können die Fische ganz nach Ihrem persönlichen Bedürfnis auswählen. Zu berücksichtigen ist, daß der Wasserteil im Verhältnis wesentlich kleiner als im normalen Aquarium ausfällt. Somit sind größer werdende Fische ungeeignet. Schwärme von kleinen Fischen sind dagegen eine ideale Besetzung für ein solches Aquarium. Wir bieten Ihnen auf den folgenden Seiten eine Auswahl von schönen und leicht zu beschaffenden Zierfischen an, die alle gut in einem Bonsai-Aquarium gepflegt werden können. Machen Sie jedoch nicht den Fehler, zuviele Fische zu kaufen und zu viele Arten miteinander zu mischen.

Durch die stärkere Beschattung des Wasserteils werden Algen kaum zu einer Plage im Bonsai-Aquarium. Dennoch können Sie zur ersten Algenbekämpfung Platys als Algenfresser einsetzen, denn dann haben Sie zum einen gut zu pflegende und farbenfrohe Fische im Aquarium und zum anderen kaum Probleme mit unschönen Algen. Kleinbleibende Salmler sind ebenfalls ideale Beifische für unser Aquarium und Bärblinge runden das bunte Bild ab. Ein Fadenfischmännchen mit zwei Weibchen ist ebenfalls eine super Besetzung. Auch Zwergcichlidenpaare fühlen sich in einem Aquarium mit vielen Verstecken zwischen den Mangrovenwurzeln wohl und werden bald zur Nachzucht schreiten.

Paracheirodon innesi, Neonsalmler
Ein mit etwa 3 cm Länge klein bleibender, friedlicher Salmler, der sehr gut für das Bonsai-Aquarium geeignet ist. Dieser Fisch muß in einer Gruppe mit seinesgleichen gepflegt werden, damit er sich richtig wohl fühlt; es sollten deshalb von vornherein mindestens zwölf Neon erworben werden. Der aktive und lebendige Neon kann gut mit anderen kleinen Fischen vergesellschaftet werden.

Paracheirodon axelrodi, Roter Neon
Dieser prächtige Salmler aus dem Rio-Negro-Gebiet in Südamerika zählt zu den schönsten und beliebtesten Aquarienfischen. Als typischer Gruppenfisch sollten etwa 20 bis 30 Rote Neon eingeplant werden. Mit etwa 4 cm Länge wird er etwas größer als sein Verwandter, der Neonsalmler. Für die dauerhafte gesunde Pflege der Roten Neon ist eine ausgezeichnete Wasserqualität wichtig.

Hemigrammus erythrozonus, Glühlichsalmler
Der nur etwa 3 cm lang werdende Glühlichsalmler aus Guyana ist ebenfalls ausgesprochen friedlich und benötigt die Gesellschaft von Artgenossen. Für sein Wohlbefinden ist es wichtig, daß neben dem üblichen Flocken- oder Granulatfutter auch Mückenlarven oder Wasserflöhe als Futterergänzungen angeboten werden. Insgesamt zählt er zu den gut haltbaren Aquarienfischen.

Hemigrammus ocellifer, Schlußlichsalmler
Mit seinen goldenen Augenflecken auf den Schultern und dem Leuchtfleck auf der Schwanzwurzel ist der etwa 4 cm Länge erreichende Schlußlichtsalmler ein weiterer attraktiver und friedlicher Gruppenfisch. In größeren Aquarien schwimmen die Fische oft in den typischen Schulen, die an Schwarmfische erinnern. Neben sauberem Wasser und gutem Futter stellt dieser gut haltbare Fisch kaum besondere Ansprüche.

Hyphessobrycon herbertaxelrodi, Schwarzer Neon
Mit etwa 4 cm Gesamtlänge handelt es sich beim Schwarzen Neon um einen weiteren attraktiven Gruppenfisch, der zwar erst in großen Aquarien richtig zur Geltung kommt, aber durchaus auch für kleine Aquarien geeignet erscheint. Mit seinen silbernen und schwarzen Längsbändern stellt er einen schönen Kontrast zu den farbigeren anderen Neonsalmlern dar.

Carnegiella strigata strigata, Gestreifter Beilbauchsalmler
Aus Amazonien und den Guyana-Ländern wird dieser etwa 5 cm Länge erreichende Salmler importiert. Aufgrund seiner faszinierenden Körperform und seiner an die Wasseroberfläche orientierten Lebensweise ist er eine hervorragende Ergänzung für jedes Gesellschaftsaquarium zu kleinen geselligen Friedfischen. Auch dieser Salmler muß in einer größeren Gruppe gepflegt werden, damit er sich richtig wohl fühlt.

Nannostomus trifasciatus, Dreibindenbleistiftfisch
Mit seinen dunklen Längsbinden und den auffälligen roten Flecken in den Flossen ist dieser kaum 5 cm lange Salmler gut auch für kleinere Gesellschaftsaquarien geeignet. Es handelt sich um einen ruhigen Fisch, der als langsamerer Schwimmer keine zu aktive Gesellschaft mag. Gelegentliche Lebendfuttergaben oder wenigstens Gefrierfutter sind sehr wichtig für ihn.

Rasbora espei, Espes Keilfleckbärbling
Aus Thailand stammt dieser kleine und friedliche Bärbling, der zwar kein echter Schwarmfisch ist, aber – genau wie die zuvor genannten Salmler – in einer Gruppe gepflegt werden muß. Mit etwa 4 cm Länge gehört dieser Bärbling zu den kleinsten Arten der Karpfenfischverwandtschaft. Sich wohlfühlende Keilfleckbärblinge zeigen eine prächtige orange bis rote Körperfärbung.

Rasbora pauciperforata, Glühlichtbärbling
Dieser gesellige Bärbling benötigt eine gute Wasserqualität und etwas größere Aquarien, da er etwa 5 cm Länge erreicht. Als typischer Schwarzwasserfisch bevorzugt er dunklere, etwas beschattete Aquarien mit weichem und saurem Wasser. Gelegentliche Lebendfuttergaben fördern sein Wohlbefinden, für das auch eine größere Anzahl von Artgenossen wichtig ist.

Barbus titteya, Bitterlingsbarbe
Mit etwa 4 cm Länge ist die Bitterlingsbarbe einer der kleinsten Vertreter der tropischen Barben. Leider variieren die Farben der Barben, je nach Herkunft oder Zuchtform, ein wenig, so daß nicht alle Männchen so intensiv gefärbt sind wie der hier abgebildete Fisch. Abgesehen von seiner Geselligkeit stellt der lebendige Fisch kaum Ansprüche an seinen Pfleger.

Brachydanio rerio, Zebrabärbling
Ebenfalls knapp 5 cm Länge erreichen die beliebten Zebrabärblinge, von denen es auch eine Farbvariante gibt, die als Leopardbärbling bekannt ist. Im Bild ist die schleierflossige Zuchtform des normalen Zebrabärblings zu sehen. Der anspruchslose Bärbling akzeptiert eine weite Spanne der Wasserwerte und auch etwas niedrigere Wassertemperaturen zwischen 18 und 24 °C.

Tanichthys albonubes, Kardinälchen
Das Kardinälchen ist ein weiterer kühles Wasser vertragender Bärbling. Er wird etwa 4 cm lang, stellt kaum Ansprüche an die Wasserwerte und benötigt die Gesellschaft von Artgenossen. Am besten werden 20 oder mehr der Fische gemeinsam gepflegt, doch sind sie auch einer Vergesellschaftung nicht abgeneigt. Die Wassertemperatur kann zwischen 15 und 24 °C betragen, Schwankungen dürfen aber nicht zu schnell erfolgen.

Poecilia reticulata, Guppy
Die bekannten Guppys sind nicht nur robust und prächtig, sondern zudem auch vermehrungsfreudig. Sofern ihnen die Gesellschaft zusagt, wird bald eine Anzahl Jungfische im Aquarium schwimmen. Ein weiterer Vorteil der Guppys ist, daß sie sich – wenn auch in gewissen Grenzen – als Algenvertilger betätigen. Die Guppymännchen werden mit Schwanzflosse etwa 5 cm, die Weibchen über 7 cm lang.

Xiphophorus maculatus, Platy
Platys sind – ebenso wie die Guppys – als lebendgebärende Aquarienfische in unterschiedlichsten Zuchtformen in der Aquaristik weltweit verbreitet. Die Ursprungsform stammt aus Mexico und Guatemala. Die meisten Formen erreichen Größen bis 5 cm, wobei es bei den Geschlechtern kaum Unterschiede gibt, doch werden die Weibchen gegebenenfalls etwas größer.

Aplocheilichthys normani, Normans Leuchtauge
Hier handelt es sich mit 4 cm Gesamtlänge um einen relativ klein bleibenden Killi, der in für Leuchtaugen typischer Weise in einem großen Schwarm gepflegt werden muß. Einzeln etwas unscheinbar wirkend, hat ein Schwarm dieser Fische mit den zahlreichen hellblau leuchtenden Augen eine faszinierende Wirkung auf den Betrachter. Das Wasser der Bonsai-Aquarien sollte nicht zu warm sein, 20 bis 22 °C sind ideal.

Oryzias javanicus, Java-Reiskärpfling
Diese nur etwa 3 cm lang werdenden Fische leben stark an die Wasseroberfläche orientiert. Sie sind nahe mit den eierlegenden Zahnkarpfen verwandt. Zu ihrem Wohlbefinden ist es wichtig, daß sie gelegentlich kleine Fruchtfliegen als zusätzliches Futter erhalten. Die Weibchen tragen ihre Eier als Traube mit sich herum und streifen sie erst später an Wasserpflanzenstengeln ab.

Melanotaenia praecox, Neon-Regenbogenfisch
Von Neuguinea, aus Irian Jaya, stammt dieser prächtige, nur 5 cm Länge erreichende Regenbogenfisch. Wie alle Regenbogen- und Ährenfische muß er in einer größeren Gruppe von mindestens sechs, besser aber über zehn Fischen der gleichen Art gepflegt werden. Das Bonsai-Aquarium darf vorne nicht geöffnet sein, weil die Regenbogenfische ausgezeichnet springen können.

Pseudomugil furcatus, Gabelschwanz-Blauauge
Nach mehrfachen Änderungen wurde das etwa 5 cm lang werdende Gabelschwanz-Blauauge aus Papua Neuguinea der Sammelgattung *Pseudomugil* angegliedert. Auch diese Blauaugen springen ausgezeichnet, stellen aber etwas höhere Ansprüche an die Wasserqualität, so daß besonders auf den regelmäßgen Wasserwechsel und glasklares Wasser, frei von organischen Belastungen, geachtet werden muß.

Mikrogeophagus ramirezi, Schmetterlingsbuntbarsch
Der sicherlich beliebteste Zwergbuntbarsch ist der südamerikanische Schmetterlingsbuntbarsch aus Kolumbien. Er erreicht in den relativ große werdenden Zuchtformen über 6 cm Länge. In größeren Bonsai-Aquarien können zwei bis drei Paare – in der Gesellschaft von Salmlern oder Bärblingen – gepflegt werden. Hier ist bei guter Wasserqualität sogar die Zucht möglich.

Telmatherina ladigesi, Celebes-Sonnenstrahlfisch
Bei diesem Ährenfisch handelt es sich um eine attraktive, etwa 6 cm Länge erreichende Art von der indonesischen Insel Sulawesi. Entgegen älteren Literaturangaben benötigen diese Fische kein hartes Wasser für ihre Pflege; klares, sauberes Wasser ist viel wichtiger als die Beachtung der Wasserchemie. Die Flossen der Männchen dieser glasartig durchsichtig wirkenden Ährenfische sind etwas größer als die der Weibchen.

Dicrossus maculatus, Schachbrett-Zwergbuntbarsch
Dieser attraktive – mit Flossen bis zu 8 cm lange – südamerikanische Zwergbuntbarsch stellt hohe Ansprüche an die Wasserbeschaffenheit. Das Wasser muß sauber, weich und leicht sauer, bei einer Temperatur um 25 °C sein, unter diesen Voraussetzungen ist seine Pflege recht einfach. Die Zucht gelingt meist nur bei der Pflege einer größeren Gruppe in einem großen Aquarium.

Trichopsis schalleri, Schallers Knurrender Zwerggurami
Knurrende Zwergguramis stammen aus Thailand und anderen südostasiatischen Ländern. Diese Art erreicht bis zu 6 cm Länge und stellt keine besonderen Ansprüche an die chemisch-physikalische Zusammensetzung des Wassers, allerdings darf das Aquarium vorne nicht offen sein, weil die Knurrer ausgezeichnet springen können.
Die Zucht der Art ist relativ leicht.

Colisa chuna, Honiggurami
Abgebildet ist die Zitronenzuchtform des Honigguramis, dessen bis zu 4 cm Länge erreichende Ursprungsform aus Indien und Bangladesh stammt. Diese – an sich völlig unempfindlichen – Zwerglabyrinthfische erkranken bedauerlicherweise leicht an Ichthyo oder Fischtuberkulose. Deshalb ist zur Vorbeugung auf eine gute Wasserqualität und eine abwechslungsreiche Ernährung zu achten.

Kryptopterus minor, Glaswels
Obwohl diese Glaswelse in der Natur bis zu 12 cm Gesamtlänge erreichen können, wirken sie aufgrund ihrer grazilen Gestalt im Bonsai-Aquarium bei weitem nicht so groß. Sie müssen in einer Gruppe von etwa einem Dutzend Welsen gepflegt werden. Das Wasser sollte weich und schwach sauer sein und eine Temperatur von 24 bis 28 °C aufweisen. Die Zucht dieser Welse gelang bisher nur durch Zufall.

Otocinclus sp., Zwergharnischwels
Diese Zwergharnischwelse aus Südamerika wird unter verschiedenen Artnamen gehandelt, wahrscheinlich handelt es sich um *Otocinclus hoppei*. Die meisten der längsgestreiften Zwergharnischwelse ereichen nur 4 cm Länge, manche gelten mit fünf Zentimetern bereits als ausgesprochen groß. Das Wasser für diese Welse kann weich bis mittelhart, bei schwach saurem bis neutralem pH-Wert sein.

Otocinclus sp., Zwergharnischwels
Diese dunklere Art ist ebenso wie die vorgenannte noch unbestimmt; möglicherweise ist sie in die Gattung *Parotocinclus* einzuordnen. Die Ansprüche an die Wasserqualität sind zur vorherigen Art identisch, die Wassertemperatur sollte zwischen 24 und 28 °C betragen. Die Zucht von Zwergharnischwelsen ist nicht leicht, aber in nicht zu dicht besetzten Aquarien durchaus schon gelungen.

Corydoras aeneus, Metallpanzerwels
Metallpanzerwelse sind im tropischen sowie subtropischen Südamerika weit verbreitet und möglicherweise verschiedenen Arten zuzuordnen. Je nach Herkunft erreichen die Panzerwelse zwischen 4 und 7 cm Länge. Die Zucht der meisten Formen ist leicht, die Welsweibchen kleben die befruchteten Eier an Wasserpflanzenblätter und andere Gegenstände. Die Wassertemperatur kann zwischen 22 und 28 °C betragen.

Im natürlichen Lebensraum pflanzen sich Panzerwelse meist während der Regenzeit fort. Diese fällt in unseren Winter, das heißt von Dezember bis April, hin und wieder auch von August bis Oktober. Die Beachtung dieser Eigenschaft ist speziell bei Wildfangfischen wichtig. Der Laich entwickelt sich nur in leicht saurem bis neutralem Wasser mit geringer Härte. Bei Nachzuchten wie *Corydoras aeneus, C. trilineatus* oder *C. paleatus* spielt die Jahreszeit jedoch keine Rolle. Diese Arten vermehren sich theoretisch während des gesamten Jahres. Möchten Sie *Corydoras* züchten, so ist eine Gruppenhaltung nicht nur vorteilhaft, sondern Voraussetzung. Es sollten zwei oder drei Männchen auf ein Weibchen kommen, da ein einzelnes meist nicht in der Lage ist, alle Eier zu befruchten; außerdem ist ein Artaquarium vorteilhaft. Das Aquaterrarium muß in einer ruhigen Umgebung aufgestellt und mit großen, steifblättrigen Pflanzen bepflanzt sein. Diese werden am besten zwischen Kieseln oder Steinplatten ohne scharfe Kanten verankert. Bodengrund ist nicht erforderlich, denn er fördert die Ansammlung von störendem Mulm. Zur Stimulation der Welse sind tägliche 15- bis 25-%ige Teilwasserwechsel sinnvoll. Das Ablaichen wird dann durch einen 15-%igen Wasserwechsel ausgelöst, der die Temperatur um 3 bis 4 °C sinken läßt. Hierdurch wird den Welsen suggeriert, daß ein kräftiger sommerlicher Regenguß erfolgte. Bei den leichter zu züchtenden Formen wie *Corydoras aeneus* und *C. paleatus* führt dies beinahe automatisch zum Gelege, und eine große Zahl anderer Arten wurde bereits unter ähnlichen Bedingungen vermehrt. Mit Näherkommen des Laichzeitpunkts wird eine über ein bis zwei Tage stetig zunehmende Aufregung unter den bislang vergleichsweise ruhigen Partnern deutlich. Es folgen Verfolgungsjagden und Balz. Im weiteren Verlauf widmen sich die aufgeregten Männchen den Weibchen und versuchen sie anzuregen, indem sie sie mit ihren Barteln am Rücken betasten. Akzeptiert das Weibchen diese Annäherung, so kommt es bald zur Paarung, während derer es – bei den meisten Arten – mit dem Partner Bauch an Bauch schwimmt. Bei jeder Paarung stößt das Weibchen etwa ein bis sechs Eier aus, die es zwischen den zurückgelegten Bauchflossen festhält. Die Eier werden in der so geformten Tasche vom Männchen befruchtet und dann vom Weibchen sorgfältig an ein Substrat – ein Blatt oder eine Glasscheibe des Aquariums – geklebt, indem es diese mit dem Bauch andrückt. Das Männchen hat zuvor noch etwas Sperma ins freie Wasser abgegeben, wodurch sich die Befruchtungsrate zusätzlich erhöht. Das gesamte Gelege wird von den Welsweibchen auf verschiedene Stellen im Aquarium verteilt. Der Laichvorgang kann sich über mehrere Stunden bis einige Tage hinziehen, währenddessen sich das Weibchen und die Männchen immer wieder für längere Zeit voneinander trennen. Inzwischen können bereits die ersten Larven schlüpfen. Einige Arten produzieren nur wenige Eier (20 bis 25 bei *C. arcuatus, C. panda*), andere einige hundert (bis zu 600 bei *C. zygatus*). Die Eier sind haftfähig und ziemlich groß, sie benötigen bei 23 bis 24 °C zwischen vier und sechs Tage bis zum Schlupf. Zwei bis drei Tage nach dem Schlupf schwimmen die Larven frei und halten sich in der Nähe des Bodens auf. Es ist sinnvoll, eine punktuelle Lichtquelle auf den Boden auszurichten, denn die Futtertiere – Kleinkrebsnauplien oder Mikrowürmer – halten sich genau dort auf; das Licht lockt die Nauplien an. Später nehmen die kleinen *Corydoras* auch *Cyclops, Daphnia* und Grindal geeigneter Größe an. Mit Erreichen von 15 bis 20 mm Länge gleichen die kleinen Welse fast ihren Eltern. Sie können mehr als sieben Jahre alt werden.

Im Bild sehen Sie *Corydoras trilineatus*, der Leopardpanzerwels, er ist ein anspruchsloser, mit 4 cm Länge recht klein bleibender Wels, der gut für die Pflege in Gesellschaftsaquarien geeignet ist.

Corydoras sterbai, Sterbas Panzerwels
Aus dem Mato-Grosso-Gebiet Brasiliens stammt der etwa 6 cm Länge erreichende Starba-Panzerwels. Er muß – wie alle Panzerwelse – in einer Gruppe gepflegt werden. Für eine gute Pflege muß er etwas wärmer, bei 25 bis 28 °C gepflegt werden. Ansonsten unterscheidet er sich in Pflege und Zucht nicht von den anderen Panzerwelsen.

Caridina japonica, Yamatonuma-Garnele
Diese interessante und nützliche Garnele hat sich in den letzten Jahren als Stammgast in bepflanzten Aquarien etabliert. Die etwa 5 cm lang werdende japanische Garnele verträgt aufgrund ihrer Herkunft sowohl warmes wie auch kühleres Aquarienwasser; auch an die chemisch-physikalischen Bedingungen stellt sie keine besonderen Ansprüche, nur zu mineralarm darf das Wasser nicht sein.

Neocaridina sp., Tigergarnele
Neocaridina-Arten, die allesamt schwer zu bestimmen sind, sind in Südostasien weit verbreitet. Ausnahmslos handelt es sich um Kleinsttier- und Algenfresser, die ausgesprochen friedlich sind, und – bei 2 cm Länge kein Wunder – höchstens selbst zum Opfer von Räubern werden. Die Zucht dieser Garnelen gelingt bereits regelmäßig, so daß die interessanten Tiere in der Aquaristik eine weite Verbreitung fanden.

Neocaridina sp., Rote Tigergarnele
Diese prächtige, nur 2 cm Länge erreichende Garnele aus Nord-Japan ist leider aufgrund ihrer Temperaturansprüche etwas heikel, da sie bei niedrigen Temperaturen zwischen 5 und 18 °C gepflegt werden muß. Ansonsten bestehen keine wesentlichen Unterschiede zu anderen tropischen und subtropischen *Neocaridina*-Arten, weshalb auch bald mit den ersten Nachzuchten zu rechnen ist.

Clithon retropictus, Zeichenschnecke
Die Schnecken stehen allgemein in dem Ruf, nicht nur Algen, sondern auch Aquarienpflanzen zu fressen. Um so erfreulicher ist es, wenn sich besonders schöne und dadurch interessante Schnecken als den Wasserpflanzen gegenüber unschädlich erweisen. Die abgebildete japanische Schnecke wurde wahrscheinlich noch nicht nach Europa importiert, doch spricht nichts dagegen, es mit heimischen Arten zu probieren.

Spass am Mini-Aquarium

In Japan sind sogenannte Mini-Aquarien für den Schreibtisch in Büros sehr beliebt. Aus unserer Sicht sind diese Aquarien allerdings viel zu klein, um darin Fische zu pflegen. Ein Pärchen Kampffische oder einige Guppys werden sich hier aber wohlfühlen. Aus Japan kamen in den letzten Jahren einige schöne Garnelen-Arten zu uns, die auch in unserem Fischteil abgebildet sind. Solche Garnelen sind eine ideale Besetzung für ein Mini-Aquarium.

In japanischen Teehäusern sind inzwischen Bonsai-Aquarien als Dekorationsgegenstände sehr beliebt. Diese Aufnahme entstand in einem speziellen Teehaus, wo ausschließlich japanische Damen ihren Tee trinken dürfen. Herren sind hier nicht willkommen und würden es wahrscheinlich auch gar nicht erst versuchen, hier eine Tasse Tee zu bestellen. Eine nette Besonderheit ist, daß hier die Gäste sich aus einer Vielzahl verschiedener Teetassen aus aller Welt ihre Lieblingstasse für diesen Tag aussuchen können. Eine nette Idee. Die kleinen Bonsai-Aquarien stehen hier auch zum Verkauf bereit und für die Teehaus-Besitzer ist es ein interessantes Zubrot, ab und zu ein solches Komplett-Aquarium zu verkaufen. Das große Aquarium ist herkömmlicher Art und dient als Raumteiler.

Spezial-Sand für japanische Aquarien

の主役「魚」の

Der spezielle Bodengrund, den wir hier Bonsai-Sand nennen, wurde von der Firma Hirose in Japan entwickelt und patentiert. Diese Art von Aquarienbodengrund wurde in einer Standardausführung zu dem bewußten Bonsai-Sand, welcher sowohl im Aquarium, als auch auf dem Landteil verwendet wird. Doch auch für herkömmliche Aquarien wird ein ähnlicher Bodengrund verwendet. In Japan gibt es inzwischen fünf verschiedene Bodengrundarten aus dieser Serie, die sich dadurch unterscheiden, daß sie für verschiedene Aquarientypen eingesetzt werden. So gibt es beispielsweise einen speziellen Sand für Diskusaquarien, einen anderen für typische Guppyaquarien oder einen weiteren für Gesellschaftsaquarien. Alle diese Bodengrundarten sind so abgestimmt, daß Stabilisatoren und Zusatzstoffe den entsprechenden gewünschten pH-Wert einregulieren. So werden beispielsweise in Diskusaquarien Standardwerte von pH-Werte 6,2 bis 6,5 eingeregelt. Ein solch pH-Wert-stabilisierender Bodengrund hat erhebliche Vorteile, denn die Fische und Pflanzen erhalten Ihren gewünschten pH-Wert auf Dauer. Durch den Einsatz von Bodenfiltern wird der Aquariensand immer durchflutet und die Nährstoffe und Stabilisatoren werden nach und nach dort herausgelöst. Diese Art der Einrichtung von Aquarien ist in Japan sehr beliebt und hat sich durchgesetzt.

Aquarienpflanzen benötigen viel Licht, um gut wachsen zu können. Die japanischen Aquarianer benutzen selbst für kleinere Aquarien drei Leuchtstoffröhren, so daß eine sehr gute Lichtversorgung garantiert wird. Vielleicht müssen wir hier auch umdenken und eine zusätzliche Leuchtstoffröhre einplanen. Versuchen Sie es doch einmal, Ihre Pflanzen werden es Ihnen danken. Pflanzen benötigen neben Licht natürlich auch Kohlendioxid, um wachsen zu können. Kohlendioxid ist ein wichtiger Nährstoff und idealerweise können wir heute durch perfekte CO_2-Düngeanlagen unseren Aquarienpflanzen die nötige Menge von Kohlendioxid anbieten. Ideal ist hierbei der Einsatz eines Geräts mit Nachabschaltung, denn während der Dunkelphase benötigen die Pflanzen kein Kohlendioxid und es wäre unsinnig, dieses in das Aquarium einzubringen. Überhaupt zahlt sich die Anschaffung eines hochwertigen Kohlendioxid-Düngegeräts unbedingt für ein Pflanzenaquarium aus. Da wir in unseren Aquarien auch Fische pflegen, entsteht durch das zersetzen von Futterresten, sowie aus dem Kot und Urin der Fische, ständig Ammonium. Dieses Ammonium wird von den Aquarienpflanzen als Nährstoff aufgenommen. Ammonium ist für die Fische eigentlich ungiftig, solange es sich nicht in sehr giftiges Ammoniak umwandelt. Ammoniak durchdringt die Zellwände der Fische und hebt in der Zelle den pH-Wert auf tödliche Werte an. Die Umwandlung von Ammonium in giftiges Ammoniak ist abhängig von dem pH-Wert. Je höher der pH-Wert ist, desto mehr Ammonium wird in Ammoniak umgewandelt. Bei einem pH-Wert um

Der Bonsai-Aquarium-Sand wirkt pH-Wert-stabilisierend und ermöglicht eine lange Standzeit des Aquariums. Der Bonsai-Aquarium-Sand ist inzwischen auch in Europa im Fachhandel erhältlich.

6,0 ist praktisch kein Ammoniak, sondern nur noch harmloses Armonium im Wasser vorhanden. Somit sind pH-Wert stabilisierende Bodengrundmischungen schon ein Vorteil für die Aquaristik.

Teilwasserwechsel sind in der Aquaristik wichtig. Doch wer möchte schon sein Aquarium alle zwei bis drei Monate ausräumen, um einen totalen Wasserwechsel zu machen und vielleicht auch noch den Bodengrund auszutauschen. Dies ist sicherlich nicht notwendig, wenn ein gutes Filtersystem verwendet wird. Im Gegensatz zum herkömmlichen Bodengrund, wird bei dem japanischen Bodengrund nicht versucht, in diesem Futterreste abzusaugen oder Fischkot zu entfernen. Hier wird durch das Bodenfiltersystem der Nitritabbau vorgenommen. Der pH-Wert wird durch den Bodengrund stabilisiert und zwar geschieht dies dadurch, daß hier Vulkanasche in den Bodengrund eingearbeitet wurde, gleichzeitig säurehaltige Bestandteile verwendet wurden und desweiteren spezielle alkalische Salze zugesetzt worden sind. Diese abgestimmte Mischung wurde dann bei relativ niedrigen Temperaturen langsam in eine poröse Granulatform gebracht. Es handelt sich hier also nicht um gebrannte Tonerde, die sich nicht auflöst, sondern um relativ weiche Erdkugeln, die zwischen den Finger zerdrückt werden können. Dies gewährleistet, daß nach und nach eine Aufschließung der feinen Kugeln ermöglicht wird und die Wirkstoffe nach und nach langsam austreten. So ist eine Langzeitwirkung garantiert.

Hirose entwickelte bereits 1994 diese Art von Bodengrund und nach einigen Jahren des Testens war es dann endlich so weit, dieses Verfahren patentieren zu lassen. In Japan wird dieses System „Volca-System“ angeboten und vertrieben. Auch beim Einsatz dieses Boden- und Filtersystems ist ein Teilwasserwechsel vonnöten, jedoch können die Zeitabstände zwischen den einzelnen Teilwasserwechseln etwas vergrößert werden. Die Stabilisierung des pH-Werts ist jedenfalls ein großer Erfolg für die Aquaristik.

Doktor Masao Shibuya ist in Japan ein bekannter Spezialist für aquaristische Belange und er entdeckte, daß neben der Kontrolle des pH-Werts, vor allem auch das Pflanzenwachstum positiv durch den Bodengrund beeinflußt wurde. Ursprünglich ging es hier um die Stabilisierung des pH-Werts mit diesem Langzeitbodenfiltersystem. Doch jetzt kam ein neuer Aspekt dazu und man bemühte sich verstärkt darum, einen idealen Pflanzennährboden zu produzieren. Durch den stabilisierten pH-Wert wuchsen auch die Pflanzen besser, denn die Schwankungen infolge der Kohlendioxidentstehung waren so in den Griff zu bekommen.

Der erste Schritt war also einen speziellen Bodengrund für Aquarien zu finden und der vorläufig letzte Schritt ist jetzt der Einsatz dieses speziellen Bodengrundes in Bonsai-Aquarien, in denen er sowohl seine Aufgabe in dem Wasserteil als auch im Landteil gefunden hat.